BUILT

BUILT

빌트,
우리가 지어 올린
모든 것들의 과학

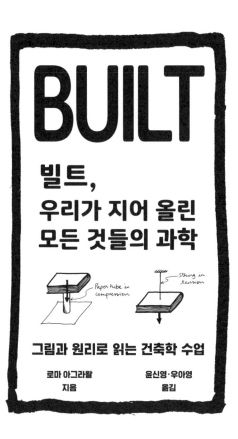

그림과 원리로 읽는 건축학 수업

로마 아그라왈
지음

윤신영·우아영
옮김

어크로스

차례

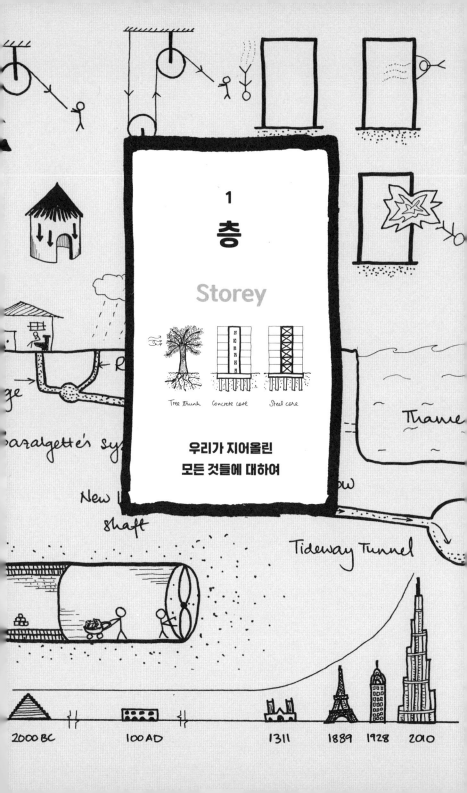

1

층

Storey

우리가 지어올린
모든 것들에 대하여

그때 나는 한 손으로는 아끼는 고양이 인형을 꼭 붙들고 있었다. 마치 잃어버릴까봐 두려운 듯이. 다른 손으로는 엄마의 치맛자락을 붙잡고 있었다. 나는 나를 둘러싼 채 끊임없이 움직이고 있는 새롭고 낯선 미지의 세계에 두려움과 흥분을 동시에 느끼며, 내게 친숙한 단 두 가지 대상에서 손을 떼지 않고 있었다.

지금도 맨해튼을 생각할 때면, 감수성 예민한 유아로서 처음 방문했던 때가 늘 떠오른다. 자동차 배기가스의 이상한 냄새, 레모네이드 노점상에서 들려오는 커다란 목소리, 우르르 지나가다가 내게 부딪히고도 미안한 기색도 없이 가버린 사람들. 큰 도시에서 산 적이 없는 어린아이에게는 견디기 어려운 경험이었다. 여기에서는 탁 트인 하늘 대신, 유리와 강철로 지은 높은 건물이 태양을 가리고 있었다. 이 괴물 같은 것들은 다 뭐지? 저긴 도대체 어떻게 올라가지? 위에서 보면 저 건물들은 어떻게 보일까? 나는 엄마에게 이리저리 끌려 다니는 동안 계속 좌우를 두리번거렸다. 엄마 뒤를 비틀비틀 쫓아가면서도 구름에 닿아 있는 높은 건물들에서 시선을 떼지 못했다.

집에 돌아온 뒤, 장난감 크레인으로 블록을 쌓았다. 내가 본 것을 재현해보고 싶었다. 학교에서는 종이로 커다란 정육면체를 만들어 밝고 대담한 색을 칠했다. 이후 여러 해에 걸쳐서 다시 뉴욕을 찾았고, 매번 내 마음속 풍경이 달라졌다. 스카이라인은 항상 변했고 새로 등장하는 고층 건물은 늘 감탄의 대상이었다.

층

우리 가족은 전기공학자로 일하는 아버지를 따라 미국에서 한두 해 살았었다. 내게 깊은 인상을 주었던 맨해튼의 마천루에서 살지는 못했지만. 대신 삐걱거리는 소리가 나는 시골의 나무 집에서 살았다. 내가 여섯 살 때 아빠는 공학자 일을 포기하고 뭄바이에서 가족 사업을 시작했다. 우리는 7층짜리 콘크리트 건물에서 살았다. 거기에서는 아라비아해가 보였다. 나의 바비 인형 가족이 컨테이너 신에 실린 채 긴 여행을 하고 새 집에 안전하게 도착했을 때 가장 중요한 것은 인형들이 멀쩡한지였다. 아빠는 내가 내 크레인을 다시 조립하도록 도와줬다. 흰 천을 깔아둔 덕분에 어떤 부품도 잃어버리지 않았다. 나는 요란하게 윙윙 소리를 내며 긴 플라스틱 튜브를 나르고 카드를 정해진 위치에 세웠다. 그렇게 완성된 인형의 집은 아마 공학을 향한 나의 첫 번째 발걸음이었을 것이다.

나는 미국 억양이 심했고(미국 억양을 쓰는 사람이 아니라면 누구나 금세 발견할 특징일 것이다) 조금은 괴짜 같았다. 새 학교에 적응하기가 조금 힘들었다. 어떤 사람들에게 '공부벌레 같다'는 놀림을 받기도 했다. 하지만 점차 나를 '이해하는' 친구와 선생님들이 생겼다. 커다란 금테 안경을 낀 채, 나는 열정적으로 물리와 수학 그리고 지리 교과서를 읽었다. 미술 과목도 좋아했다. 하지만 화학과 역사, 언어는 어려웠다. 대학에서 수학과 과학을 공부하고 컴퓨터 프로그래머로 일했던 엄마는 과학과 수학에 대한 점점 강렬해지는 나의 흥미를 북돋우고, 내게 추가로 숙제나 읽을거리를 내주시기도 했다. 학창 시절 내내, 나는 수학과 과학을 가장 좋아했고, 나중에 우주인이나 건축가가 되겠다고 결심했다. 당시 나는 '구조공학자'라는 용어를 들어보지도 못했고, 언젠가 내가 거대한 마천루의 설계에 참여하게 되리라고는 상상하지도 못했다. 더 샤드(The Shard, 영국 런던 중심부에 세워진 서유럽 최고 높이의 건축물로 2012년에 완공됐다-옮긴이) 말이다.

내가 배움을 너무나 좋아하자, 우리 가족은 내가 학교를 다른 나라에서 마쳐야 한다고 결정했다. 나의 지평선이 넓어지리라는 기대에서였다. 그래서 열다섯 살에 런던에 와서 수학과 물리, 디자인 과정을 이수했다. 다시 새로운 나라에서 새로운 학교에 다니게 되었지만 이번에는 금세 나와 비슷한 부류를 찾아냈다. 나처럼 패러데이의 법칙에 매혹되고, 실험실에서 단지 재미로 실험을 하는 여자아이들 말이다. 뛰어난 선생님들이 대학에서 물리학을 공부할 수 있게 해주었고, 나는 옥스퍼드로 이주했다.

이전 학교에 다닐 때는 물리가 늘 이해되었다. 대학에서는 그렇지 않았다. 적어도 처음에는 말이다. 빛이 파장인 동시에 입자의 집합이라고? 시공간이 휠 수 있다고?? 시간 여행이 수학적으로 가능하다고!? 이내 나는 완전히 매혹됐다. 하지만 내 머리로 이해하기에는 어려운 내용이었다. 학문에 있어서, 나는 언제나 친구들보다 한두 걸음 뒤처져 있다고 느꼈다. 하지만 사물이 어떻게 움직이는지 알아낼 때에는 이런 느림이 크게 도움이 됐다. 나는 무도회와 라틴댄스 수업과 도서관에 시간을 균형 있게 배분했고 세탁과 요리를 배웠다(나중에 보게 되겠지만, 둘 다 그리 능숙하지는 않다). 나는 물리 공부가 너무나 재미있었다. 우주에 가거나 건축가가 되겠다던 어린 시절의 꿈은 먼 기억이 됐다. 동시에 내가 평생 무엇을 하고 싶은지

역시 거의 알지 못했다.

그러던 어느 여름이었다. 나는 옥스퍼드대 물리학과에서 근무하고 있었다. 다양한 건축물의 화재 안전성 계획을 문서로 정리하고 있었다. 세상을 바꿀 만한 일은 아니었다. 하지만 나를 둘러싸고 앉아 있는 사람들은 세상을 바꿀 프로젝트를 진행하고 있었다. 그들은 엔지니어였고, 물리학자들이 이 세상을 구성하는 입자를 찾도록 노와줄 시설을 설계하고 있었다. 나는 그들이 무엇을 하려고 하는지 알아내고는 깜짝 놀랐다. 하나는 유리 렌즈를 받쳐줄 금속 지지대를 설계하는 일이었다. 어쩌면 간단한 작업이라고 생각할지 모르겠다. 하지만 전체 장비를 영하 70도로 냉각시켜야 한다는 점이 문제였다. 금속은 유리보다 더 잘 수축된다. 즉 지지대를 아주 교묘하고도 조심스럽게 설계하지 않으면 금속이 냉각되는 과정에서 유리를 박살낼 것이다. 이것은 기계로 만들어진 거대한 미궁 안에서 아주 작은 부분에 불과하다. 하지만 창의력이 필요한 복잡한 문제였다. 나는 나라면 그 문제를 어떻게 풀까 고민하면서 쉬는 시간을 보냈다.

갑자기 한 가지가 명확해졌다. 나는 물리학과 수학을 실용적인 문제에 활용하고 싶어 한다는 사실 말이다. 그 과정에서 세상에 어떤 방식으로든 도움을 주고 싶었다. 이때 마천루를 사랑했던 어린 시절이 기억 깊숙이에서 되살아났다. 나는 구조공학자가 되어 건축물을 설계하기로 마음먹었다. 물리학자에서 엔지니어로 전향하기 위해 임페리얼 칼리지 런던에서 1년 동안 공부한 뒤 졸업하고 일자리를 얻었다. 그리고 엔지니어로서의 삶을 시작했다.

나는 구조공학자로서 내가 설계한 건축물이 확실히 땅 위에 서 있도록 할 책임이 있다. 지난 10년 동안 나는 놀랄 만큼 다양한 건축 작업을 해왔다. 서유럽에서 가장 높은 건물인 더 샤드의 설계팀에서 6년 동안 일하면서 야외에 노출된 첨탑(더 샤드의 꼭대기 부분은 사람들이 거주하거나 이용하지 않는 첨탑으로 구성되어 있고 72층의 전망대에서 한 층 더 올라가면 야외에서 73층부터 뻗어 있는 첨탑을 볼 수 있다−옮긴이) 과 기초 부분을 맡았다. 뉴캐슬에서는 근사한 인도교 작업을 했고 런던의 수정궁(Crystal Palace, 1851년 런던 하이드파크에서 개최됐던 '만국박람회' 건물. 수정궁은 유리와 강철로 지은 건축물로 당시 세계에 큰 충격을 줬고, 1854년 지금의 위치에 다시 지어져 1930년대까지 상설 전시됐다−옮긴이) 역에서는 휘어진 캐노피를 설계했다. 새 아파트를 수백 채 설계했고 영국 조지 왕조(1714~1830년대−옮긴이) 시대의 저택에 옛 영광을 되찾아주었으며, 한 조각가가 제작한 조각이 구조적으로 안전하다는 진단을 내리기도 했다. 내 일은 수학과 물리를 이용해 무엇인가를 만드는 것(그 자체로도 몹시 즐겁다) 이상이다. 우선 오늘날의 엔지니어링 프로젝트에서는 팀워크가 무척 중요하다. 과거에 비트루비우스(Vitruvius, 최초로 건축에 대한 논문을 쓴 사람)나 브루넬레스키(Brunelleschi, 피렌체 성당을 덮고 있는 멋진 돔을 만든 사람) 같은 엔지니어들은 건축 장인으로 알려져 있었다. 그들은 건설에 필요한 모든 기술을 알고 있었다. 오늘날 구조는 더 복잡해졌고 기술은 더 진보했다. 누구도 혼자 힘으로는 프로젝트를 전담할 수 없다. 사람들은 각자 전문 영역이 있고, 진짜 어려운 점은 그들 모두를 모아 복잡 미묘하고, 조용하지만 열정적인 춤을 추게 하는 일이다. 재료와 물리학적 노력, 그리고 수학적 계산이 아로새겨지는 춤 말이다. 건축가 그리고 다른 공학자들과 함께 나는 디자인상의 문제점을 생각나는 대로 풀어놓는다. 우리 팀이 그린 도면을 바탕으로 현장 소장들은 공사를 하고, 감독관들은 비용과 물류를 계산한다. 현장의 노동자들은 자재를 받아 우리의 비전을 빚어낸다. 종종 혼란스럽기도 한 이 모든 활동이 녹아들어 수십 년, 심지어 수 세기를 견디는 단단한 구조물이 된다는 사실을 상상하기 힘들 때도 있다.

내가 설계하는 모든 건축물이 내게는 나름의 인격을 갖는다. '나의' 건축물이 자라고 자신만의 캐릭터를 갖게 된다고나 할까. 처음에 나는 대충 그린 한두 장의 스케치로 사람들과 의견을 나눴다. 하지만 점차 무엇이 건축물을 지탱하는지, 무엇이 건축물을 높이 솟아 있게 하는지, 어떻게 건축물이 변화하는 시대에 따라 진화하는지 발견했다. 더 많은 시간을 건축물과 보낼수록 점점 더 건축물을 경외하게 됐고 심지어 사랑에 빠지게 됐다. 일단 완성되면, 나는 건축가가 아닌 한 명의 개인으로서 그 건축물을 만나고 주변을 맴돌게 된다. 그 후에는 다른 사람이 내 자리를 차지하고 내가 만든 창조물과 나름의 관계를 발전시켜나가는 모습을 멀리서 지켜본다. 건물을 바깥세상으로부터 보호받는 집이나 일터로 만들어가는 모습 말이다.

물론 내가 작업한 건축물에 대한 나의 감정은 나만의 특별한 것이다. 하지만 우리 모두는 우리를 둘러싸고 있는 공학에 밀접하게 연결돼 있다. 우리가 걸어 다니는 길, 지나다니는 터널, 건너는 다리 말이다. 우리는 이런 건축물들을 사용하고 보살피는 덕분에 삶을 더 쉽게 영위할 수 있다. 그 대가로, 건축물은 우리 존재의 일부, 결코 소리를 내지 않지만 핵심적인 일부가 된다. 책상이 줄지어 늘어선 초고층 유리 빌딩에 걸어 들어가면 뭔가 전문가가 된 기분이고 충만한 느낌도 받는다. 지하철 창문을 스쳐 지나가는 구속강관(steel ring, 콘크리트 기둥 등의 강도를 보강하기 위해 콘크리트를 넣은 철제 관을 추가한 구조-옮긴이)은 여행의 속도감을 배가시킨다. 모양이 똑같지 않은 벽돌 벽과 자갈길은 과거, 즉 우리가 살던 시대 이전의 역사를 떠올리게 한다. 건축물은 우리의 삶을 재단하고 지속시키며 우리가 존재할 수 있도록 캔버스를 제공한다. 우리는 자주 건축물의 존재를 무시하거나 잊는다. 하지만 건축물은 많은 이야기를 지니고 있다. 거대한 다리를 위에서 당기고 있는 장력 케이블, 높은 건물의 유리 표면 이면을 떠받치고 있는 철골 구조. 이런 것들이 건축물로 둘러싸인 우리 세계를 만들고 있다. 이런 건축물은 인류가 지닌 창의력을 보여준다. 타인 그리고 자연과의 교감 능력을 드러내주기도 한다. 끊임없이 변화하는, 우리가 만들어낸 세상은 이야기와 비밀로 가득 차 있다. 만약 듣고자 하고 보고자 한다면 환상적인 경험을 할 수 있을 것이다.

　내가 바라는 것이 있다면, 이 책을 통해 독자들도 이런 이야기를 발견하고 비밀을 듣게 되는 것이다. 우리를 둘러싼 세상에 대해 새롭게 이해하게 되면 매일 위나 아래로 지나치는, 또는 통과해 지나치는 주위의 수많은 건축물이 달리 보일 것이다. 집, 도시, 마을, 지역을 경이로운 눈길로 보게 될 것이다. 이를 통해 세상을 새로운 눈, 그러니까 엔지니어의 눈으로 다시 보게 될 것이다.

층

2

힘

Force

중력, 바람, 지진으로부터
안전한 건물은 어떻게 만들어질까?

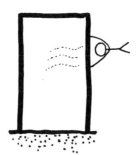

직접 설계한 건축물 위를 지나거나 안으로 걸어 들어가는 기분은 정말 특별하다. 내가 대학을 떠나 처음 맡았던 프로젝트는 영국 뉴캐슬에 위치한 노섬브리아 대학교의 인도교였다. 2년 동안 나는 건축가의 계획에 맞춰 일했다. 그들의 비전을 현실화하고 수백 쪽의 계산을 하며 수많은 컴퓨터 모델링 작업을 했다. 마침내 건축물이 완성되고 크레인과 굴삭기가 철수한 뒤에야 비로소 내가 참여한 철제 구조물 위에 설 기회를 얻었다.

나는 한 걸음 내딛기 전에 잠시 다리 바로 앞에 서 있었다. 나는 그 순간을 기억한다. 흥분되기도 했고 믿기지도 않았다. 우뚝 서 있는 이 아름다운 다리를 만드는 데 내가 한몫했다는 사실, 매일 수백명이 이 위를 건너갈 것이라는 사실이 놀라웠다. 나는 드높은 철제 기둥과, 거기에서 방사형으로 뻗어 나온 강철 케이블을 올려다보았다. 이 구조물이 고속도로 위로 가느다란 데크를 안전하게 지탱하고 있었다. 다리는 스스로의 무게와 나의 무게를 별로 힘들이지 않

힘

강철 케이블

콘크리트 지지대

진동감쇠장치를 아래에 설치할 강철 데크

영국 뉴캐슬어폰타인에 위치한 노섬브리아 대학교의
두 장소를 연결하는 인도교. 2007년 완공.

고 떠받쳤다. 타고 오르기 어려운 각도로 주의 깊게 설계한 난간이 차가운 햇빛을 반사했다. 내 아래로 자동차와 트럭들이 윙 소리를 내며 지나갔다. 한 젊은 엔지니어가 물리학을 이용해 자신이 처음으로 이 세상에 기여했다는 사실에 경이감을 느끼며 '자신의' 다리 위에 자랑스럽게 서 있다는 사실 따위는 저 자동차들에게 아무 상관이 없었다.

물론 내 발아래에 있는 것은 분명하게 세상에 존재하는 물건이었다. 무엇보다 다리가 받을 힘을 알아내기 위한, 각종 계산 결과와 모델들을 나는 검토하고 또 검토했다. 엔지니어에게는 실수가 용납되지 않기 때문이다. 매일 수천 명의 사람들이 내가 설계한 건축물

빌트

엔지니어로서 진행한 나의 첫 프로젝트 노섬브리아 대학교의 인도교 위에서.

을 이용한다는 사실을 생각했다. 사람들은 다리를 건너고 건물 안에서 일하며 집에서 살아간다. 내 작품이 자신들에게 문제를 일으킬 거라는 걱정은 꿈에서도 하지 않는다. 우리가 믿을 곳이나 발 디딜(때로는 문자 그대로) 곳은 공학이다. 엔지니어로서 건축물을 튼튼하고 믿음직스럽게 만들 의무가 있다. 그럼에도 역사를 돌아보면 문제가 발생한 경우가 있었다. 1907년 8월 29일 오후 퀘벡 시민들은 한바탕 지진을 겪었다. 그런데 사실은 진짜 지진이 아니라 15킬로미터 떨어진 곳에서 상상할 수도 없는 일이 벌어진 것이었다. 세

힘

인트로렌스강의 강둑 위에서 금속이 찢어지는 듯한 소리가 대기를 갈랐다. 공사 중이던 다리를 연결한 리벳(대갈못. 머리 부분이 큰 못으로 철판을 고정해준다-옮긴이)이 부러지며 깜짝 놀란 노동자들의 머리 위로 튕겨나갔다. 구조를 떠받치던 강철이 마치 종이처럼 휘었고, 다리는 대부분의 건설 노동자들과 함께 강 위로 무너져 내렸다. 역사상 최악의 다리 붕괴 사고 중 하나로서 잘못된 관리와 계산 오류가 어떤 재앙을 가져오는지를 보여주는 가차 없는 사례다.

*

다리는 도시를 확장하고, 사람들을 서로 연결하며, 거래와 소통을 촉진한다. 세인트로렌스강에 다리를 짓겠다는 생각은 1850년대 이래 의회의 논쟁거리였다. 하지만 가장 큰 난관은 기술적인 어려움이었다. 강폭은 가장 좁은 곳에서조차 3킬로미터에 달했고, 수심은 깊었으며 유속은 빨랐다. 겨울에는 강물이 얼어서 강바닥 위에 15미터 높이로 얼음이 채워졌다. 그럼에도 퀘벡교량회사(Quebec Bridge Company)는 결국 프로젝트에 착수했고, 1900년부터 기초 작업을 시작했다.

회사의 수석 엔지니어였던 에드워드 호어(Edward Hoare)는 길이가 90미터 이상인 다리를 지어본 적이 없었다(그런데도 이 프로젝트의 원래 계획서에는 '순경간'[clear span length, 다리에서 교각 등에 의해 지지를 받지 않는 구간의 거리-옮긴이]만 480미터가 넘었다). 그래서 시어도어 쿠퍼(Theodore Cooper)를 자문으로 올렸다. 쿠퍼는 미국 최고의 다리 건설가로 널리 인정받았고 강철 철도교에 관한 논문으로 상도 받은 적이 있었다. 이론적으로는 그가 이상적인 자문이었다. 하지만 시작부터 문제가 있었다. 쿠퍼는 멀리 뉴욕에 살고 있는 데다 건강상의 문제로 현장을 거의 방문하지 못했다. 하지만 그는 강철 주조와 건설을 감사하는 일을 계속했다. 그는 자신의 설계를 다른 사람이 점검하는 것을 거부했고, 현장 상황은 후배인 노먼 맥루어(Norman McLure)의 보고에 의존할 수밖에 없었다. 1905년부터 강철 구조물이 건설되기 시작했다. 2년 뒤 맥루어에게는 걱정거리가 늘어났다. 우선 공장에서 도착한 강철 자재들이 생각했던 것보다 무거웠다. 일부 자재는 곧지 않고 휘어 있었다. 자체 무게조차 견디지 못했던 것이다. 더욱 걱정스러운 것은 인부들이 설치한 강철 자재 상당수가 다리 완공 전에 이미 변형돼 있었다는 사실이다. 자재들이 힘을 견뎌낼 만큼 강하지 않았다는 신호였다.

이런 변형은 쿠퍼가 원래 설계를 변경해 중앙경간(교각이 지지하지 않는 다리 한가운데 부분)을 거의 549미터로 늘린 결과였다. 야망이 쿠퍼의 판단력을 흐려놓았다. 아마 쿠퍼는 세계에서 가장 긴 경간을 지닌 캔틸레버교(비행기 날개처럼 한쪽이 교각에 의해 고정되어 힘을 지탱하고, 다른 쪽은 힘을 지탱하지 않는 구조의 다리-옮긴이)를 설계한 엔지니어가 되고 싶었을 것이다. 당시 가장 긴 캔틸레버교는 스코틀랜드의 포스교(Forth Bridge)였다. 다리의 경간이 길수록 자재도 많이 들고 다리는 무거워진다. 쿠퍼의 새 설계에 따르면 다리 무게가 원래 계획보다 18퍼센트 늘어나지만 쿠퍼는 계산에 신경 쓰지 않은 채 다리가 추가된 무게를 잘 견딜 거라고만 생각했다. 맥루어는 쿠퍼의 생각에 동의하지 않았기에 두 사람은 편지를 주고받으며 언쟁

힘

1907년 붕괴 사고가 났던 캐나다 퀘벡시의 세인트로렌스강의 건설 현장.

을 벌였다. 하지만 결론은 나지 않았다.

　결국 맥루어는 건설을 연기하고는 쿠퍼를 만나기 위해 열차를 타고 뉴욕으로 갔다. 맥루어가 없는 사이 현장에 있던 엔지니어가 맥루어의 지시를 뒤집으면서 다리 건설이 재개됐다. 결국 비극이 일어났다. 단 15초 만에 다리의 남쪽 절반(강철 1만 9000톤)이 강으로 내려앉았다. 건설 현장에서 일하던 86명 가운데 75명이 희생당했다.

　많은 문제점과 실수가 다리 붕괴의 원인이었다. 특히 이 사고로 감독 없이 한 명의 엔지니어에게 거대한 권력이 주어질 때의 문제점이 도마에 올랐다. 캐나다를 비롯한 여러 나라에 엔지니어 협회가 생겨나 규제를 시작했다. 그들은 퀘벡 다리의 실수가 되풀이되는 것을 막고자 했다. 하지만 결국 다리의 무게를 과소평가했던 시

빌트

어도어 쿠퍼에게 주로 책임이 있었다. 다리가 다리 자체의 무게를 견디기에는 너무 연약하게 지어졌던 것이다.

*

퀘벡 다리의 부조리한 참사는 불완전한 인간의 건설 작업에 중력이 어떤 재앙적인 결과를 불러올 수 있는지를 보여준다. 엔지니어의 주요 임무는 해당 건축물이 다양한 힘에 제대로 저항하는지를 계산하는 것이다. 이 힘들은 건축물을 밀고 당기고 흔들고 뒤틀고 쥐어짜고 구부리고 가르고 찢고 부러뜨리고 쪼갠다. 그래서 때로는 중력이 가장 중요한 고려 요건이 되기도 한다. 중력은 태양계를 한데 모아주는, 모든 우주에 존재하는 힘이자, 지구 위의 모든 존재를 지구 중심으로 끌어당기는 힘이다. 모든 물체에 '무게'라고 불리는 힘을 만들어낸다. 이 힘은 물체 내부를 타고 '흐른다'. 인체 각 부위의 무게를 생각해보자. 손의 무게는 팔에 영향을 미치고, 팔은 어깨에 매달려 있다. 이 무게는 척추에 전해진다. 힘은 척추를 타고 가다가 허리와 골반에 이르러 둘로 갈라진 다음 다리를 타고 아래로 내려가 땅에 닿는다. 빨대로 건물을 짓고 위에서 물을 붓는다면, 똑같은 방법으로 물이 각기 다른 경로를 타고 흘러가다가 갈림길에서 갈라질 것이다.

건축물을 계획할 때에도 어떤 종류의 힘이 어디로 흘러가는지를 이해하고, 그 힘이 통과하는 부위가 그만큼 튼튼한지를 확인하는 것이 중요하다.

중력이(그리고 바람이나 지진 같은 다른 현상도) 건축물에 만들어내는

힘

힘에는 크게 두 가지 종류가 있다. 바로 '압력'과 '장력'이다. 두꺼운 종이로 튜브(원통)를 만든 다음 책상 위에 수직으로 세워보자. 그러고는 그 위에 책을 올려놓으면 책이 튜브를 아래로 누른다. 이때 '힘'(중력과 질량의 곱)은 튜브를 통과해 책상 쪽으로 흐른다. 우리의 체중이 다리로 흘러가는 것처럼. 튜브(그리고 우리 다리)는 '압력'을 받는다.

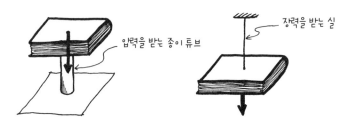

압력을 이용해 책을 지탱하는 경우(왼쪽)와 장력을 이용해 지탱하는 경우(오른쪽).

반대로, 우리가 책의 한쪽 끝에 실을 묶은 다음 다른 반대쪽을 들어 매단다고 해보자. 여전히 중력의 작용을 느낄 수 있다. 중력은 실을 당기고 있다. 책의 힘은 실을 타고 위로 올라간다. 이것이 '장력'이다. 우리 손의 무게가 우리 팔에 미치는 영향과 같다.

첫 번째 예에서 책은 테이블과 충돌하지 않는다. 종이 튜브가 자신이 받는 압력을 견딜 만큼 튼튼하기 때문이다. 두 번째 예에서는 실이 장력을 견딜 만큼 튼튼하기 때문에 책은 공중에 안전하게 매달려 있다.

두 가지 예에서 구조물이 무너지게 하려면 더욱 무거운 책을 올려놓거나 매달면 된다. 책의 무게가 증가하기 때문에 튜브에 가해지는 힘도 커진다. 튜브는 추가된 무게를 감당할 만큼 강하지 못하고, 결국 책은 튜브에서 떨어져 책상에 부딪힌다. 마찬가지로 더욱 무거운 책을 매달면 실이 견디기에는 너무 강한 장력이 발생하면서 실이 끊어지고 책은 추락한다.

다리의 경우 힘은 다리 자체의 무게와 다리를 건너다니는 사람(그리고 차량)의 무게에서 나온다. 나는 노섬브리아 대학교 인도교를 짓는 동안 다리 어디에 힘이 가해지는지 계산했다. 마침내 다리 구석구석에 얼마만큼의 압력과 장력이 가해지는지 정확히 파악할 수 있게 됐다. 나는 컴퓨터 모델을 통해 내가 짓는 다리의 모든 부분을 테스트해보고, 이를 바탕으로 그 부분이 휘거나 부서지거나 끊어지지 않으려면 얼마나 큰 강철이 필요한지 계산했다.

*

힘의 종류와 그것이 흐르는 방법은 건축물이 어떻게 조립됐는지에 따라 크게 두 가지 유형으로 나뉜다. 첫 번째는 '내력벽(load-bearing)' 시스템이고, 다른 하나는 '프레임(frame)' 시스템이다.

우리 조상들이 지은, 점토로 두꺼운 벽을 만들어 원형이나 사각형으로 정렬시킨 점토 오두막은 첫 번째 방식의 건물이다. 이 단층 주택의 벽은 단단한 내력벽을 형성하고 있다. 건축물의 무게는 압력으로서 점토벽을 타고 자유롭게 흐른다. 이것은 종이 튜브 위에 놓인 책과 비슷하다. 튜브는 모든 측면에서 고르게 압력을 받는다. 이 오두막에 층이 더해지다 보면, 어느 순간 압력이 내력벽이 견뎌

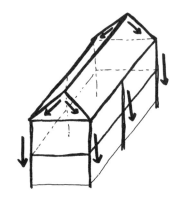

하중이 내력벽을 타고 이동한다.

하중이 뼈대를 이루는
프레임을 타고 이동한다.

집을 짓는 두 가지 방법. 내력벽을 이용하는 방법(왼쪽)과
골격 프레임을 이용하는 방법(오른쪽).

낼 수준을 넘어서게 되고, 결국 오두막은 무너질 것이다. 마치 무거운 책을 종이 튜브 위에 올리면 무너지듯이.

숲에 진출한 우리 조상들은 프레임 시스템으로 집을 지었다. 목재를 한데 묶어 힘이 지나갈 뼈대를 만든다. 환경으로부터 내부를 보호하기 위해 통나무 사이에 동물 가죽이나 엮은 풀을 걸쳤다. 점토 오두막이 단단한 벽을 갖춰서 힘을 받는 동시에 거주자를 보호하는 기능을 한다면, 나무 집은 다른 두 가지 특징을 갖추고 있었다. 나무가 힘을 받는다는 것과, '벽' 또는 동물 가죽은 하중을 받지 않는다는 사실이었다. 내력벽과 프레임 구조는 근본적으로 힘이 전달되는 방법이 다르다.

내력벽과 프레임 건축물에 사용된 재료들은 점점 복잡해졌다. 내력벽 구조는 점토보다 강한 벽돌과 돌로 만들어졌다. 산업혁명 이후인 1800년대에 철과 강철이 대규모로 제조되었고, 탈것이나 무기 외에 건축물에도 금속을 쓰기 시작했다. 그리고 콘크리트가 재발견됐다(로마인들이 콘크리트 제조법을 알고 있었지만 이는 제국의 몰락 이후 잊혔다). 강철과 콘크리트가 나무에 비해 월등히 강하고 거대한 프레임을 만들기에도 걸맞았기 때문에 사람들은 이것들을 이용해 더욱 높고 긴 건물과 다리를 지을 수 있게 됐다. 오늘날 가장 크고 복잡한 건축물들, 그러니까 시드니 하버 브리지(Harbour Bridge)의 우아한 강철 아치나 맨해튼 허스트 타워(Hearst Tower)의 삼각형 기하 구조 그리고 2008년 베이징올림픽의 주경기장인 일명 '냐오차오'(鳥巢, 새 둥지) 같은 건축물들이 프레임 시스템으로 건설됐다.

새 건축물을 설계할 때, 나는 먼저 건축가가 그린 드로잉을 주의 깊게 연구한다. 거기에는 건축물이 완성됐을 때 어떻게 보일지 건축가들이 생각하는 비전이 담겨 있기 때문이다. 엔지니어들은 금방 엑스선 영상 같은 것을 만들어서 그림만으로 내부를 들여다보고는 건축물이 중력 등의 힘들을 이겨내고 스스로를 지탱하기 위해 어떤 뼈대들이 필요한지를 추려낸다. 나는 건물의 척추가 어디로 지나가야 하는지, 힘을 지지하는 골격이 어디에 연결돼야 하는지, 구조가 안정적이려면 이들이 얼마나 커야 하는지 등을 눈으로 볼 수 있게 표현해낸다. 나는 건축가의 드로잉 위에 검은 마커펜으로 뼈와 살까지 덧붙인다. 다양한 색으로 그린 드로잉에 내가 추가한 굵고 검은 선은 일종의 견고함을 더해준다. 여기에는 반드시 건축가와 나 사이의 활발한 토론이 뒤따른다. 우리가 답을 찾으려면 서로 타협할 줄 알아야 한다. 건축가가 탁 트인 공간으로 묘사한 곳에 반드시 기둥을 세워야 하는 경우도 많다. 반대로 건축가들이 생각하기에 뭔가 구조물이 있어야 하는 곳이지만, 내가 보기에는 없어도 괜찮은 경우도 많다. 이 경우 건축가들은 좀 더 많은 공간을 얻게 된다. 기술적인 문제에 봉착했을 때, 건축가와 엔지니어는 서로의 관점을 이해할 수 있어야 한다. 시각적인 아름다움과 기술적 완결성 사이에서 균형을 삽아야 한다. 이런 과정을 거진 끝에 우리는 건축 구조와 심미적 통찰력이 거의 완벽한 조화를 이루는 설계안에 다다르게 된다.

건축물의 프레임은 기둥, 보, 가새(diagonal bracing, 건물이나 기둥 등에 기울어진 각도로 설치하는 골조 부재로, 건축물을 더욱 튼튼하게 해준다-옮긴이)의 연결망으로 이뤄져 있다. 건축물의 뼈대 가운데 기둥은 수직 부위를 말하고 보는 수평 부위를 말한다. 수직과 수평 외에 다른 각도의 뼈대를 가새라고 하는데, 흔히 '버팀목'이라 불린다. 예를 들어, 31쪽의 사진을 보면 시드니 하버 브리지는 모든 각도의 강철 부재로 구성되어 있다. 기둥, 보, 가새가 대단히 혼잡하게 얽혀 있다. 기둥과 보가 어떻게 서로를 지탱하는지, 어떻게 힘을 받아들이는지, 그리고 어떻게 부러지는지(가장 중요한 점이다)를 이해함으로써 건축물이 무너지지 않도록 설계할 수 있게 된다.

그리스인과 로마인은 수천 년간 중력을 지탱해오던 기둥을 예술의 경지로 끌어올렸다. 아테네 파르테논 신전의 아름다움과 견실함은 대개 건물 바깥에 늘어선, 홈이 파인 도리스 양식의 대리석 기둥 덕분이다. 로마 포럼(Forum, 공회용 광장-옮긴이) 유적에서 가장 특징

아치형 강철 트러스

장력을 받는 케이블

1930년에 완공된 시드니 하버 브리지. 호주 시드니의 노스쇼어와 중심업무지구를 연결한다. 철로와 자동차 도로, 보행자 도로를 갖추고 있다.

적인 것도 위태로워 보이는 사원의 잔해를 떠받치고 있는 기념비적인 기둥들이다. 때로 이 기둥들은 마치 하늘을 찌를 듯 위태롭게 홀로 서 있기도 하다. 물론 이 기둥들은 대단히 실용적인 기능을 지니고 있다. 건축물을 유지해주는 기능 말이다. 그래도 당시 엔지니어들은 이 기둥들의 표면에 자연과 신화에서 영감을 얻은 조각을 새겨 넣었다. 복잡하게 얽힌 이파리로 기둥의 머리 부분을 장식한 코린트식 기둥은 그리스 조각가 칼리마코스(Callimachos)의 작품으로 알려져 있다. 칼리마코스는 어느 코린트 여인의 무덤에 놓인 바구니에서 아칸서스 식물이 자라는 것을 보고는 이런 기둥을 만들었다. 포럼 주위에는 이런 기둥이 수십 개 산재해 있고, 수 세기 동안 도시 건축의 고전으로 남아 있다. 예를 들어, 미국 연방대법원

힘

건물의 대단히 우아한 파사드(건물의 입면-옮긴이)나 좀 더 소박하게는 내가 살고 있는 빅토리아 시대 아파트 단지의 입구가 그런 기둥을 보여주고 있다.

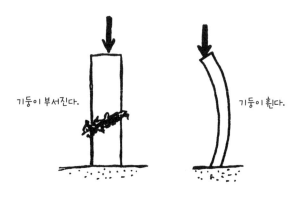

기둥이 부서진다.

기둥이 휜다.

기둥이 제 기능을 하지 못하는 두 가지 경우.
부서지거나(왼쪽) 휠 수 있다(오른쪽).

기둥은 보통 압력에 맞선다. 기둥이 제 기능을 하지 못하는 경우는 너무 심하게 눌러서 자재가 견디지 못하고 부서지거나 끊어질 때다. 앞서 종이 튜브 위에 좀 더 무거운 책을 올렸을 때처럼 말이다. 다른 경우는 기둥이 휘는 것이다. 플라스틱 자를 책상 위에 수직으로 세우고 손바닥으로 눌러보자. 자가 휘기 시작할 것이다. 더 많이 누를수록 자는 더 많이 휜다. 마침내 부러질 때까지.

기둥을 설계할 때는 정교한 균형이 필요하다. 사람들은 너무 많은 공간을 차지하지 않도록 기둥이 가늘기를 바란다. 하지만 너무 가늘면 하중을 지탱하지 못하고 휘어버릴 수 있다. 동시에 사람들은 부서지지 않을 만큼 충분히 강한 자재를 쓰고 싶어한다. 튼튼하

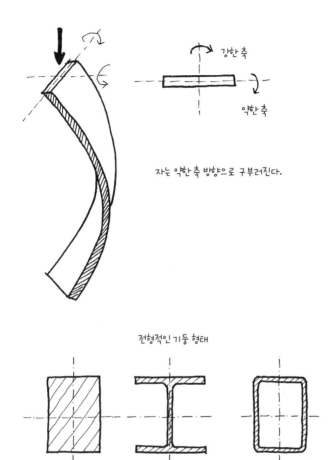

강한 축

약한 축

자는 약한 축 방향으로 구부러진다.

전형적인 기둥 형태

콘크리트   강철   강철

자를 휘어보면 가느다란 구조물이 약한 축을 따라 쉽게 휜다는 사실을 알 수 있다(위).
하지만 기둥은, 콘크리트 기둥이든 강철 기둥이든,
두 개의 축 모두에 대해 구부러지지 않는다(아래).

고 굵은, 고대 건축물의 기둥은 대부분 돌로 만들어졌다. 그렇다 보니 휘어져서 망가질 리는 없다. 반대로 오늘날의 강철이나 콘크리트 기둥은 훨씬 가늘기에 쉽게 휠 수 있다.

자는 한쪽 방향은 넓고 한쪽 방향은 납작하다. 눌러보면 알겠지만, 자는 약한 축 쪽으로 구부러진다. 이를 막기 위해 오늘날의 강철 기둥은 보통 H 모양으로 만들어진다. 콘크리트 기둥은 정사각형이나 직사각형으로 두 축이 모두 비슷하게 단단해서 더 큰 하중을 견딜 수 있다.

*

보는 작동 원리가 다르다. 보는 바닥의 뼈대를 이룬다. 보 위에 올라서면 아래로 살짝 휜다. 우리의 무게가 보를 지지하는 기둥으로 전달되면 기둥이 압력을 가해 우리의 무게를 땅으로 이동시킨다. 만약 보의 가운데에 선다면 우리 무게의 절반과 보 무게의 절반이 보의 각 끝에 전달된다. 그다음 기둥이 하중을 아래로 전달한다. 자신이 보 위에 올라갔을 때 보가 너무 휘어지기를 바라는 사람은 없을 것이다. 발밑에서 바닥이 움직이면 불편한 느낌이 들 테니까. 또 무너질 수도 있고. 그러니 보는 튼튼하게 만들어야 한다. 그러자면 수직 방향의 굵기와 구조가 적합하거나 보를 강화해줄 특정한 재료가 필요하다.

보가 하중을 받아 휘는 경우 하중은 보를 타고 균일하게 흘러가지 않는다. 보의 윗부분은 눌리고, 아랫부분은 당겨진다. 보의 윗부분은 압축력을 받고 아랫부분은 장력을 받는다. 당근을 손으로 휜

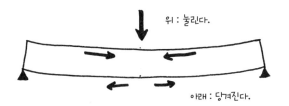

위 : 눌린다.

아래 : 당겨진다.

위에 가해진 무게로 보가 휘는 모습. 보 윗부분은 눌리고 아랫부분은 당겨진다.

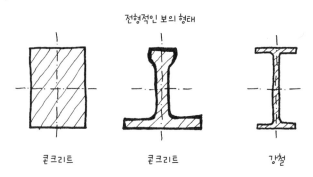

전형적인 보의 형태

콘크리트   콘크리트   강철

휘는 현상을 막기 위해 보는 몇 가지 형태로 만들어진다.

다고 생각해보자. U자 모양으로 휨에 따라, 아랫부분은 갈라질 것
이다. 당근 아랫부분에 가해지는 장력이 너무 커서 당근이 견디지
못할 경우 이런 일이 일어난다. 당근의 굵기를 바꿔보면, 당근이 가
늘수록 더 쉽게 휜다는 것을 알게 된다. 굵은 당근을 같은 정도로
휘게 하려면 힘이 더 많이 필요하다. 마찬가지로 보도 굵을수록 단
단하며 하중에도 덜 뒤틀린다.

구조를 영리하게 활용하는 것도 보를 단단하게 만드는 방법이
다. 보에서 압축력을 가장 크게 받는 곳은 꼭대기 부분이다. 장력

이 가장 강한 곳은 바닥이다. 그러니 꼭대기와 바닥 부분에 재료를 더 많이 넣으면 힘을 더 받게 된다. 이 두 가지 원리, 그러니까 굵기와 구조를 조합하면 가장 이상적인 보의 형태가 나온다. 바로 알파벳 I자 모양의 보다(보의 횡단면이 I를 닮았다). 힘이 가장 많이 가해지는 꼭대기와 아랫부분에 자재가 가장 많이 들어가 있다. 대부분의 강철 보는 I자 형태다. (H 모양 기둥과는 많이 다르다. 왜냐하면 보는 수평 방향보다 수직 방향이 더 굵은 반면 H 모양 기둥은 서의 정사각형에 가깝기 때문이다.) 콘크리트 보도 이렇게 만들 수는 있지만, 직사각형 모양으로 콘크리트를 붓는 것이 훨씬 쉽기 때문에 경제성이나 실용성 측면에서 대부분의 콘크리트 보는 단순한 직사각형 단면을 갖는다.

퀘벡 다리 같은 대형 다리들은 너무 길어서 '일반적인' I자 모양의 보를 쓸 수 없다. 거리를 벌리기 위해 이런 보는 수직 방향으로 굵어지고 무거워져야 한다. 그러면 그 다리는 들어올릴 수가 없다. 대신 인류는 삼각형의 안정성을 이용한 또 다른 구조를 이용하게 됐다. 바로 트러스(truss)다.

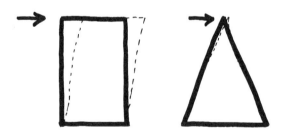

사각형은 삼각형보다 약한 도형이다.

빌트

막대 네 개의 모서리를 테이프로 감아 사각형을 만들어보자. 그리고 옆으로 밀어보자. 사각형은 다이아몬드 모양으로 변하며 무너질 것이다. 반면 삼각형은 사각형처럼 모양이 변하거나 무너지지 않는다. 트러스는 보와 기둥 그리고 버팀목으로 이루어진 삼각형의 그물망이다. 트러스에서 힘은 삼각형들을 타고 흐른다. 우리가 사용하는, 중간에 공간이 있는 좀 더 작고 가벼운 트러스를 만들 때는 동일한 힘을 내는 I빔에 비해 자재가 적게 사용된다.

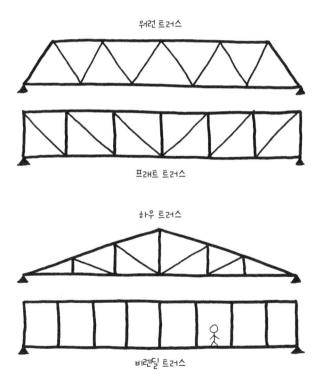

대부분의 트러스는 더 작은 삼각형들로 구성돼 있다. 가끔은 사각형을 쓰기도 한다.

트러스는 짓기 쉽다. 작은 강철 조각은 건설 현장으로 옮기거나 조립하기 쉽다. 대부분의 대형 다리는 어느 부분에든 트러스를 지니고 있다. 예를 들어, 금문교는 알파벳의 N자와 뒤집힌 모양의 N자가 이어지는 모습이다. 이런 삼각형의 정교한 조합이 트러스를 구성한다.

중력은 지표면의 물체를 예측 가능한 방식으로 끌어당긴다. 엔지니어는 중력을 이해하고, 이를 바탕으로 중력에 맞설 기둥과 보, 트러스를 설계한다. 하지만 중력만큼이나 파괴적인 힘이 자주 공식에서 제외된다. 그중 하나가 바람이다. 불규칙적이고 세기의 변동이 심하며 예측 불가능한 바람은 항상 엔지니어를 괴롭힌 존재였다. 바람은 여전히 안정적인 건축물을 짓고 싶은 엔지니어라면 풀어야 할 문제로 남아 있다.

아테네를 방문했을 때 가장 반가웠던 건축물은 아크로폴리스 북쪽 로마식 광장(Roman Agora)에 세워진, 희고 거대한 팔각형의 탑이었다. 기원전 50년경 마케도니아의 천문학자인 '큐로스의 안드로니쿠스(Andronikos Kyrrhestes)'가 지은 '바람의 탑(Horologion)'이다. 이 탑은 여덟 개의 해시계와 물시계, 그리고 풍차로 구성되어 있다. 탑 부근을 천천히 걷다 보면, 탑 꼭대기에 새겨진 여덟 바람의 신을 볼 수 있다. 신들은 단호하거나 자애로운 표정으로 정면을 향해 날아가고 있다. 손잡이가 두 개인 항아리나 화환을 들고 있기도 하다. 원래는 청동으로 만든 트리톤(그리스 신화에 나오는 바다의 신-옮긴이) 상이 탑 꼭대기에 서 있어서 어떤 바람의 신이 불어오는지를 알려주는 풍향계 역할을 했다.

이 탑은 파괴적인 힘을 지닌 바람에 대한 로마인들의 외경심을 담은 증거물이다. 로마의 건축 장인인 비트루비우스(기원전 80년 탄생)는 '최초의 건축가'로 곧잘 불린다. 그는 건축 설계를 다룬 대단히 중요한 열 권짜리 책인 《건축서(De Architectura)》에서 바람의 중요성에 대해 대단히 폭넓게 이야기했다. 1권에서 비트루비우스는 네 가지 기본 방향인 동서남북에서 불어오는 바람에 대해 이야기하면서 이들 주요한 바람 사이의 방향에서 불어오는 네 개의 다른 바람도 함께 언급하고 있다.

로마 시대의 엔지니어들이 다른 방향에서 불어오는 바람이 어떻게 다르게 행동하는지를 깊이 이해하고 있었다는 사실이 경이롭기만 하다. 오늘날의 엔지니어들은 바람을 훨씬 복잡하게 계산하지만, 사실 이 일의 기초는 2000년 전에 세워진 팔각형의 탑에 조각으로 새겨져 있다.

*

바람은 지구상 모든 건축물의 표면에 영향을 미친다. 높이가 100미터가 되지 않는 건축물을 작업할 때 나는 바람 지도를 이용했다. 바람 지도는 수십 년간 측정한 자료를 바탕으로, 특정 장소의 바람 속도를 등고선 형태로 알려주는 날씨 지도다. 나는 이런 기초 풍속 데이터를, 해당 장소가 해수면에서 얼마나 떨어져 있는지, 얼마나 높은지를 나타내는 수치와 조합한다. 또 주변 토지의 유형도 고려한다(언덕이 얼마나 많은지, 건물이 얼마나 많은지 등). 이런 요소들을 한꺼번에 처리하는 공식을 통해 이 건축물이 12방향으로부터 얼마나 많은 바람을 맞게 될지를 알 수 있다. 12방향은 주변을 원으로 가정하고 30도씩 나눈 것으로, 비트루비우스의 책에 나오고 바람의 탑 부조에 담긴 여덟 방향과 크게 다르지 않다.

하지만 100미터 이상 솟은 건축물을 설계할 때는 바람 지도에 나오는 숫자가 더는 통하지 않는다. 바람은 선형적이지 않다. 대기 위로 높이 올라가면 예측대로 움직이지 않는다. 추세를 이용해 데이터를 외삽하거나 100미터짜리 건물의 바람 관련 수치를 수학적으로 수정해 300미터 높이의 건축물에 적용해볼 수는 있다. 그래봤자 현실과 전혀 다른 결과를 얻겠지만 말이다. 이런 건축물들에 대한 데이터는 풍동실험장(wind tunnel)에서 얻어야 한다.

런던 리젠트 운하 부근에 지어진 40층 건물을 설계할 때 풍동실험장에 간 적이 있다. 풍동실험장에 마련된 축소된 세계는 그 자체로 놀라웠다. 밀턴케인스(영국 버킹엄셔에 있는 도시-옮긴이)에서 모형 제작자가 내 건축물을 200분의 1로 축소한 복제품을 만들었다. 그뿐만이 아니라, 그 구역에 있는 다른 모든 건축물까지 축소해 만들었다. 그리고 모든 모형을 빙글빙글 돌아가는 턴테이블 위에 올려두었다. 내가 설계하던 건물 주위의 건축물들은 데이터에 핵심 역할을 했다. 만약 내 건물이 들판 한가운데 있다면, 주변에서 부는 바람의 힘을 직격으로 맞을 것이다. 이 힘을 방해할 물체가 전혀 없으니까. 하지만 도심 한가운데 여러 건축물들이 뒤섞여 조밀하게 직조된 풍경은 바람의 흐름과 난류에 영향을 미치고, 내가 짓고 있는 건축물이 받는 힘도 달라질 터였다.

나는 설계 중인 건물의 모형 뒤에 서서 풍동실험장의 '터널'을 바

기원전 2~1세기 그리스 아테네에 세워진 팔각형 바람의 탑.

라보았다. 길고 부드러운 정사각형의 벽으로 덮인 통로 끝에 거대
한 선풍기가 있었다. 선풍기는 건물이 특정 방향에서 받을 바람을
만들어냈다. 장치에 전원을 연결하고 점검을 끝내자 선풍기가 작동
할 준비가 되었다. 선풍기의 스위치가 켜졌다. 선풍기 날개가 돌아
가고 차가운 공기가 내 앞에 놓인 미니어처 도시에 불어닥쳤다. 바

람이 내 얼굴을 때렸다. 넘어지지 않도록 버텨야 했다. 내 건물 모형 내부에서 수천 개의 센서가 바람에 의해 얼마나 밀리고 당겨지는지를 감지해 곧바로 여러 대의 컴퓨터에 전송했다. 바닥의 턴테이블은 15도씩 회전했고, 시스템이 24개 방향의 데이터를 모두 기록할 때까지 이 과정이 반복됐다. 이후 몇 주에 걸쳐서 풍동실험장의 엔지니어들이 데이터를 정리해 보고서를 작성했다. 나는 그렇게 모인 수치들을 컴퓨터 모형에 넣어 실계 중이던 건물을 시험해봤다. 모든 방향에서 바람이 미칠 모든 영향에 대해 내 건축물은 안전한 것으로 나타났다.

바람이 건축물에 불리한 영향을 주는 방법은 세 가지다. 먼저 지상의 건축물이 가벼울 경우, 바람이 건축물을 흔들 수 있다. 태풍이 지나간 뒤에 고깔 모양의 도로 표시물이 나뒹구는 것과 비슷하다. 두 번째, 지반이 약하면 바람이 건물을 움직여 가라앉게 할 수 있다. 바람 부는 날의 보트를 생각해보면 된다. 바람이 보트를 물 위로 밀어낸다. 출항할 때는 바람직한 현상일 수 있다. 하지만 아무도 자신이 지은 건축물이 바람에 밀려나길 바라지 않는다. 땅은 물처럼 유체는 아니므로 폭풍에 건물이 떠밀려가는 모습은 볼 수 없다(만약 이런 모습을 발견한다면, 전문가인 내 조언을 들으시길. 당장 멀리 도망가라고). 하지만 흙은 눌리고 밀릴 수도 있기 때문에 엔지니어들은 건물을 제자리에 고정하기 위해 기초를 세워야 한다.

세 번째 영향은 바다에서 흔들리는 배와 비슷하다. 나무처럼 모든 건물은 바람에 앞뒤로 흔들린다. 바람의 강도에 따라 흔들리는 정도는 다르지만 어쨌든 이런 현상은 원래 있는 것이기에 안전에는 문제가 없다. 하지만 나무와 달리, 건물은 우리가 움직임을 볼수 있을 만큼 많이 움직이지 않는다. 고층 건물은 보통 높이를 500으로 나눈 값 정도만 구부러지도록 설계된다. 그러니까 500미터 높이의 건물은 1미터 이상 움직이지 않는다. 하지만 이 정도의 움직임이 너무 빨리 일어나면 건물 안의 사람은 멀미를 느낄 수도 있다.

이런 흔들림을 막을 한 가지 방법은 건축물을 매우 무겁게 만드는 것이다. 과거에는 대부분의 건물이 돌이나 벽돌로 지어졌기 때문에 높이가 상대적으로 별로 높지 않았다. 돌과 벽돌은 바람에 저항할 만큼 충분히 무겁다. 하지만 건물이 높이 지어질수록 건물이 만나는 바람의 세기도 커진다. 20세기에 더욱 높고 가벼운 건축물을 짓기 시작하면서 바람의 힘은 중요한 고려 요인이 되었다.

현대의 고층 건물은 무게만으로 서 있지 못한다. 따라서 엔지니어는 건물이 바람에 충분히 견디도록 구조를 만들어야 한다. 독자들도 나무가 강한 바람에 구부러지는 모습을 본 적이 있을 것이다. 또 나무가 그 힘을 견뎌낸다는 사실 역시 알고 있을 것이다. 그렇다면 독자들은 이미 외부의 강한 바람에도 현대의 건축물이 꼿꼿이 버티게 하기 위해 공학자들이 쓰는 원리를 이해하고 있는 것이다. 나무의 안정성은 단단하게 뿌리내린, 하지만 한편으로는 쉽게 휘는 줄기에 있다. 마찬가지로, 건물의 안정성은 강철이나 콘크리트로 만들어진 코어(core)에 있다.

코어(이름이 알려주듯, 보통 고층 건물의 중심부에 위치한다)는 마치 인체의 척추처럼, 고층 건물의 끝까지 수직으로 뻗은 정사각형 또는 직사각형 벽의 집합체다. 건물의 각 층은 코어 벽에 결합된다. 코어

힘

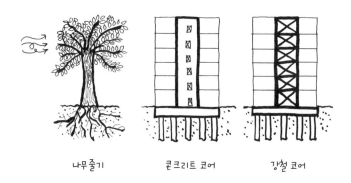

나무 줄기　　　　　콘크리트 코어　　　　　강철 코어

콘크리트로 되어 있든 강철로 되어 있든, 건물의 코어는 건축물에 안정적인 '줄기'가 되어주도록
설계된다. 따라서 코어는 땅속에 제대로 뿌리를 박고 있어야 한다.

를 우리가 잘 인식하지 못하는 이유는 대개 숨겨져 있기 때문이다. 코어는 대부분 필수적인 기본 설비인 엘리베이터, 계단, 공조기, 전기 케이블, 수도관 등을 감춰주는 역할을 한다.

바람이 건물을 치면, 그 힘이 안으로 전달돼 코어에 도달한다. 건물의 코어는 외팔보(캔틸레버) 구조다. 다이빙보드와 같은 구조로, 한쪽은 단단히 고정되어 있고 반대쪽은 자유롭게 움직인다. 코어는 조금만 구부러지도록 설계되어 있고, 이를 통해 바람의 힘은 건물의 기초로 흘러간다. 그 덕분에 코어와 건물은 안정화된다. 이는 나무뿌리가 바람의 힘을 견디고 분산시키는 것과 상당히 비슷하다.

콘크리트 코어의 벽은 말 그대로 아무런 틈이나 구멍이 없는 그냥 벽인 경우가 많다(엘리베이터나 계단으로 가기 위한 문이 있는 구멍은 제외된다). 이 덕분에 코어는 태생적으로 단단해진다. 강철 코어는 다르다. 단순히 콘크리트 벽을 강철로 대체하기만 한다면 너무 무겁고 비싸다. 강철의 순 무게를 따진다면 건설은 불가능하다. 그러

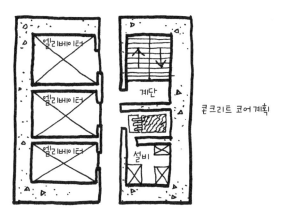

콘크리트 코어 계획

계단

설비

건물의 코어 배치. 대개 건물 가운데 숨어 있는데, 여기에 반드시 필요한 기본 설비가 들어간다.

므로 일반적인 벽 대신 강철 기둥과 보를 삼각형과 사각형으로 짜서 프레임이나 수직 트러스를 만든다.

강철 구조물이나 콘크리트 벽이 받는 힘은 바람이 불어오는 방향에 따라 결정된다. 내 컴퓨터 모형은 풍동실험 보고서에 따른 24개 방향의 풍력 측정값을 처리한다. 각 힘은 압력과 장력을, 강철 코어의 프레임을 구성하는 보와 기둥, 버팀목에 가한다. 컴퓨터가 압력과 장력을 코어의 모든 지점과 방향에 대해 계산한다. 엔지니어는 가장 강한 압력이나 장력을 가정해 각 강철 부재나 콘크리트 벽을 설계한다. 각각의 힘에 따라 강철의 크기를 바꾸거나 콘크리트의 두께를 조절한다. 그러므로 코어는 바람의 방향에 상관없이 건물을 안정적으로 유지해준다. 하나의 지점에 대해 24개의 바람이 미치는 영향을 확인하는 것은 절차적으로 매우 복잡하다. 기둥 전체를 이렇게 계산하는 것은 말할 것도 없이 복잡하다. 다행히 이제는 컴퓨터의 계산 능력이 아주 좋아져서 엔지니어가 할 일이 훨씬 단순해졌다.

런던의 30 세인트 메리 액스(30 St Mary Axe)는 41층 높이에 마치 피클용 오이인 거킨(gherkin, 이 건물의 별명이기도 하다)처럼 생겼는데, 바람에도 안정적인 상태를 유지하기 위해 다른 방법을 채택했다. 우아하게 휘어진 푸른빛의 유리 기둥은 거대한 십자 모양의 강철 부재에 눌러싸인 채 커다란 다이아몬드 형상을 이루고 있다.

코어는 척추나 골격과 같아서 건물이 내부로부터 통합성을 갖게 해준다. 하지만 30 세인트 메리 액스는 외골격으로 둘러싸여 있다. 이런 외골격, 즉 '외부 가새골조(external braced frame)' 또는 '다이아그리드(diagrid)'는 거북의 등딱지 같다. 밀어 넘어뜨리려는 힘에 대항하기 위해 내부 구조에 의존하는 대신, 건물을 둘러싸고 있는 껍데기나 프레임이 건물을 방어하는 역할을 해준다. 바람이 들이치면, 그물망처럼 연결돼 다이아그리드를 이룬 강철 부재가 바람의 힘을 기초에 전달해 건물을 안정화시킨다.

외부 가새골조의 또 다른 화려한 예로는 파리의 퐁피두 센터(Centre Pompidou)가 있다. 건축가 렌조 피아노(Renzo Piano), 리처드 로저스(Richard Rogers) 그리고 기안프랑코 프란치니(Gianfranco Franchini)는 안팎이 뒤집힌 건물을 구상했다. 정수관, 오수관, 전기 케이블, 환기 통로, 심지어 계단이나 엘리베이터 또는 에스컬레이터까지, 대개는 보이지 않게 감추는 건물 내의 배관 설비들이 건물 밖에 나와 있다. 사람들의 눈길을 끌고 기억에 남는 것은 이런 디테일들이다. 구불거리는 파이프는 흰색, 파란색, 녹색으로 칠해졌고

삼각형으로 이루어진
다이아그리드

2012년 완공된 런던의 30 세인트 메리 액스. '거킨'이라고도 불리는
이 건물은 외부의 힘으로부터 스스로 보호하기 위해 강철 외골격을 갖추고 있다.

반투명한 에스컬레이터 튜브는 지그재그로 휘어지며 위로 향한다.
하지만 다시 자세히 보면, 전체 건물은 거대한 X자 모양의 막대가
그물망처럼 연결된 구조를 채택하고 있다. 바람을 견디고 안정적인
상태를 유지하기 위한 구조로서 공조용 관과 오수 파이프 사이에
있는 외골격이다.

힘

파리 퐁피두 센터는 강철 막대가 그물망처럼 연결된 외부 가새골조를 지니고 있다.

나는 구조 공학자로서 건물이 어떻게 기능하고 하중이 어디에 실리는지 살펴보는 것을 좋아한다. 보기에는 별로 아름답지 못하지만 건물이 순조롭게 기능하게 하는 핵심 시스템들을 감추거나 가리는 대신 퐁피두 센터처럼 노출시키는 시스템은 내겐 기쁠 정도로 정직한 구조다. 구조에 대한 통찰로 우리를 이끄는 시스템 말이다.

*

하지만 다이아그리드와 코어는 단지 건물이 쓰러지는 것을 막기만 하는 것이 아니다. 건물이 흔들리는 것도 조절한다. 강철과 콘크리트로 만든, 보기에는 단단한 건물이 움직인다니 이상하게 여겨질

빌트

수도 있다. 하지만 정말 건물은 흔들린다. 흔들리는 것 자체는 문제가 아니다. 중요한 것은 건물이 얼마나 빨리 그리고 얼마나 오래 움직이는지다. 수년간의 실험을 통해 우리 구조공학자들은 어느 정도의 가속도(어떤 대상의 속력이 얼마나 빨리 변하는지 측정한 값)일 경우 인간이 이런 움직임을 느끼는지를 알아낼 방법을 찾아냈다. 예를 들어, 비행기를 타고 여행을 한다고 해보자. 우리는 매우 빨리 움직이고 있지만, 조용한 분위기 속에서 자신이 움직이고 있다는 사실을 전혀 느끼지 못한다. 하지만 난류를 만나면 속도가 갑자기 그리고 빠르게 변하며, 속도를 느끼게 된다. 건물도 비슷하다. 건물도 상당히 많이 움직이기도 하지만 가속도가 작다면 아무것도 느끼지 못한다. 하지만 가속도가 크다면, 건물이 조금 움직이더라도 속이 울렁거릴 수 있다.

가속도만 우리에게 영향을 미치는 것은 아니다. 얼마나 오랫동안 건물이 흔들리는지, 그러니까 얼마나 오랫동안 건물이 옆으로 진동하거나 움직이는지에 따라 우리는 불안정한 느낌을 받게 된다. 다시 다이빙보드에 비유해보자. 누군가 다이빙보드에서 뛰어내린다고 하자. 다이빙보드는 움직임이 멎을 때까지 진동한다. 한쪽이 단단히 고정된 두꺼운 다이빙보드는 작은 진폭으로 조금 진동하다가 멈춘다. 단단히 고정되지 않은 얇고 약한 다이빙보드는 큰 진폭으로 더 오랫동안 진동한다.

높은 건축물을 설계할 때, 나는 흔들림의 가속도가 인간이 인지할 수 없는 범위에 들도록 주의를 기울인다. 그리고 진동이 빨리 멈추게 하는 데에도 신경을 쓴다.

힘

이때 컴퓨터 모델링이 중력과 바람에 저항하는 건축물을 설계하도록 도움을 준다. 내가 보와 기둥 그리고 코어의 재료, 모양, 크기를 프로그램에 입력하면, 소프트웨어가 바람의 힘, 자재의 강도, 건축물의 구조를 분석해 가속도가 얼마인지 알려준다. 가속도가 사람이 느낄 수 있는 문턱값보다 작으면, 달리 할 일이 없다. 하지만 가속도가 사람이 인지할 수 있는 값이라면 구조를 더욱 단단하게 만들어야 한다. 콘크리드 코어의 벽 두께를 늘리거나 강철 코어의 강철 버팀목을 늘리는 것이다. 그다음에 다시 모델링을 수행한다. 어떨 때는 이 과정이 여러 번 반복되기도 한다. 목표로 세운 가속도 값에 이를 때까지 말이다.

고층 건물이 높고 가늘수록 더 많이 흔들린다. 흔들리는 가속도와 진동 시간을 조절하기 위해 건축 구조의 강성을 높여야 하지만 때로는 이것이 불가능하다. 이 경우 건축물은 분명 안전함에도 안전하지 않다고 느껴질 수 있다. 이럴 때는 동조질량감쇠장치(TMD, tuned mass damper)라는, 건물과 반대 방향으로 움직이는 일종의 추를 이용해 건축물의 흔들림을 인공적으로 조절하기도 한다.

건물을 포함해서 모든 물체는 고유진동수(natural frequency)를 지니고 있다. 고유진동수는 상태에 변화를 가했을 때 해당 물체가 1초 동안 진동하는 횟수를 의미한다. 오페라 가수가 와인 잔을 산산조각 낼 수 있는 것도 와인 잔이 고유진동수를 지니고 있기 때문이다. 가수가 와인 잔과 같은 진동수로 노래를 부르면, 가수의 목소리에 실린 에너지가 와인 잔을 갑자기 진동시켜 부스러뜨린다. 비슷하게 바람(그리고 지진)도 특정 진동수에서 건물을 흔들 수 있다. 건물의 고유진동수가 갑자기 들이닥친 바람이나 지진의 주파수와 같다면, 건물도 갑자기 진동해 손상을 입을 것이다. 이렇게 고유진동수에 의해 물체가 갑자기 진동하는 현상을 공진(resonance)이라고 부른다.

줄이나 용수철 등에 매달린 추는 앞뒤로 진동한다. 줄의 길이 또는 스프링의 강성에 따라 추는 정해진 횟수로 정해진 주기에 맞춰 흔들린다. 초고층 건물의 흔들림을 상쇄하기 위해 추를 이용할 경우 해당 초고층 건물의 진동수를 계산하고(컴퓨터 모델링을 이용한다) 꼭대기에 비슷한 진동수를 갖는 추를 설치한다. 바람이나 지진이 초고층 건물을 강타하면, 건물은 앞뒤로 움직이기 시작한다. 그러면 추도 같이 움직이게 된다. 건물이 움직이는 방향과는 반대로 말이다.

포크가 진동한다고 하자. 포크 날 하나에 손가락만 대도 진동과 그에 따른 소리를 멈출 수 있다. 손가락이 진동 에너지를 흡수하기

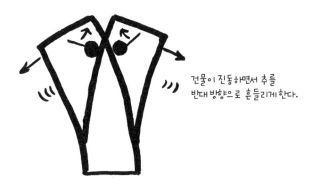

건물이 진동하면서 추를 반대 방향으로 흔들리게 한다.

추는 건물과 반대 방향으로 흔들림으로써 고층 건물의 흔들림을 상쇄해준다.

힘

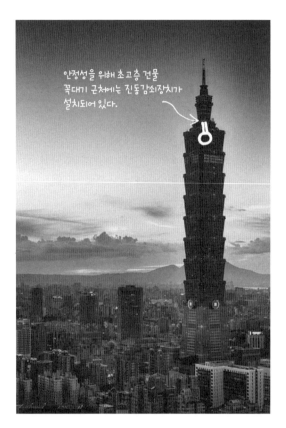

안정성을 위해 초고층 건물 꼭대기 근처에는 진동감쇠장치가 설치되어 있다.

타이완 타이베이시의 타이베이101.
높이가 509미터로 도시의 스카이라인에서 유독 우뚝 솟아 있다.

때문이다. 같은 과정이 내가 작업하는 초고층 건물에서도 일어난다. 건물이 포크처럼 진동하면 추가 손가락을 대는 것과 같은 효과를 내서 초고층 건물의 움직임이 만든 에너지를 흡수한다. 그 결과 움직임이 줄어든다. 건축물의 움직임이 '감쇠하는(damped)' 것이다(그래서 '동조질량감쇠장치'라는 용어를 쓴다). 그러면 건물 안의 사람들

빌트

타이페이 101의 추는 건물을 지진으로부터 지켜준다.

은 건물의 움직임을 느끼지 못한다.

　타이완 타이베이시에 있는 509미터 높이의 타이베이101은 2004년 완공됐을 때 세계에서 가장 높은 건물이었다. 이 건물은 독특한 건축학적 미학으로 유명하다. 탑과 대나무 줄기에서 영감을 받은 건물은 여덟 개의 사다리꼴 부분으로 이루어져 있다. 이런 구조 덕분에 솟아오른 생명체 같은 느낌을 준다. 마치 식물의 줄기처럼 땅에서 박차고 나온 듯한 느낌 말이다. 녹색이 감도는 색조 유리창이 이런 착각을 강화해준다.

　하지만 이 건물은 87층과 92층 사이에 걸려 있는 거대한 강철 추 구조로도 유명하다. 이 강철 추(660톤)는 세계의 초고층 건물에 내장된 추 가운데 가장 무거운 것으로, 관광객들에게는 큰 볼거리다

힘

(크기뿐만 아니라 SF영화에서 나온 듯한 기하학적 우아함과 밝은 노란 빛깔도 그렇다). 하지만 이 추의 진짜 역할은 태풍이나 지진으로부터 건물을 보호하는 것이다. 건물이 태풍이나 지진에 흔들리면, 추도 함께 흔들리며 건물의 움직임을 흡수한다. 2015년 8월, 태풍 사우델로르가 타이완을 휩쓸었을 때, 돌풍의 최소 풍속은 시속 170킬로미터였다. 하지만 타이베이101은 피해를 입지 않았다. 구세주인 추는 최대 1미터의 움직임을 기록했다. 이제까지 관찰된 가장 큰 움식임이었다.

*

엔지니어는 바람이나 지진으로부터 건물을 보호하기 위해 추를 쓴다. 바람과 지진은 수평 방향으로 가해지는 무작위적인 힘이다. 하지만 지진은 훨씬 파괴적인 영향을 미칠 수 있기 때문에 다른 예방책이 필요하다. 지진의 무시무시하고 파멸적인 힘 때문에 사람들은 그 기원을 설명하기 위해 온갖 방법을 동원해왔다. 고대 인도 신화에서는 지구를 등에 지고 있는 네 마리의 코끼리가 등을 펴거나 움직이면 지구가 흔들려서 지진이 난다고 설명했다. 북유럽 신화에서는 로키(Loki, 파괴의 신으로, 잘못을 저지르고 동굴에 갇혔다)가 속박에서 벗어나려고 하면 지구가 흔들린다고 봤다. 일본 사람들은 땅속에 사는 거대한 메기인 나마주 때문에 지진이 난다고 생각했다. 신이 나마주를 커다란 돌로 내리누르다가 가끔 한눈을 팔면 나마주가 몸부림을 친다. 오늘날에는 지구가 주기를 갖고 진동하는 현상에 대해 그렇게 화려하지는 않지만 정확히 설명할 수 있게 되었다.

지진은 각기 다른 지각층이 서로에 대해 상대적인 방향과 속력으로 움직일 때 일어난다. 에너지의 파동은 한 지점에서 발생한다. 바로 진앙(epicenter, 지하에서 지진이 최초로 생긴 '진원'의 지표 위 지점. 원래 지진이 생긴 '점'은 진원이 맞지만, 이 책에서는 지표면을 따라 전달되는 수평 방향 진동만 다루고 있기 때문에 진앙을 지진 발생 지점으로 표현했다–옮긴이)이다. 에너지는 이 지점에서 퍼져 나오면서 지표에 있는 모든 물체를 뒤흔든다. 여기에는 우리가 지은 건축물도 포함된다. 건축물에 영향을 미치는, 진동에 따른 에너지의 파동은 예측하기 어렵고 불규칙하다. 그리고 예고 없이 찾아온다.

엔지니어는 기록에 남은 지진의 주파수(진동수)를 연구한다. 그리고 이를 컴퓨터 모델을 이용해 자신이 건설할 건축물의 고유진동수와 비교한다. 바람의 경우와 마찬가지로, 지진과 건축물의 진동수가 너무 비슷하면 안 된다. 건물이 공진해 손상을 입거나 심지어 무너질 수도 있기 때문이다. 이럴 경우 무게를 더하거나, 건축물의 코어 또는 프레임을 보강해서 건물의 고유진동수를 바꾸어준다.

지진의 에너지 파동에 따른 영향을 완화시킬 또 다른 방법은 특수한 고무 '받침' 또는 '베어링'을 쓰는 것이다. 거실에 앉아 저음이 쾅쾅 울리는 출력 좋은 스피커를 틀었다고 해보자. 스피커로부터 전달되는 진동이 느껴질 것이다. 진동은 바닥과 소파를 지나 마침내 몸에 이른다. 스피커 아랫부분에 고무를 놓아보자. 진동이 줄어들 것이다. 고무 받침이 진동을 대부분 흡수하기 때문이다. 비슷하게 건물의 기둥 아랫부분에 커다란 고무 베어링을 설치하면 지진의 진동을 흡수시킬 수 있다.

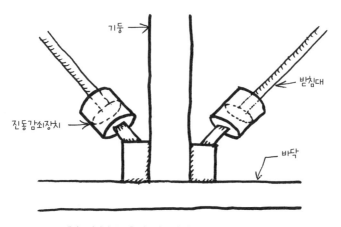

멕시코시티의 초고층 건물인 토레 마요르를 보호하는 진동감쇠장치.

지진 에너지는 서로 연결된 보, 기둥, 대각선 받침대 사이에서 흡수될 수 있다. 멕시코시티의 고층 건물인 토레 마요르(Torre Mayor)는 매우 영리한 시스템을 통해 이 문제를 해결한다. 이 55층 건물에는 96개의 유압식 진동감쇠장치(댐퍼) 또는 충격흡수장치(자동차의 피스톤과 비슷하다)가 X자 모양으로 모든 층의 구석구석에 배치돼 있다(다이아그리드를 형성한다). 그리고 이것들이 지진에 대항하는 추가적인 받침대 역할을 하게 된다. 지진이 발생하면 건물 전체가 흔들리지만 움직임은 이들 진동감쇠장치로 흡수되어 건축물 자체는 별로 많이 움직이지 않는다. 실제로 토레 마요르가 완공된 직후, 규모 7.6의 지진이 멕시코시티를 강타해 많은 피해를 낳았다. 하지만 토레 마요르는 손상 없이 살아남았다. 이곳의 거주자는 심지어 지진이 있었다는 사실조차 몰랐다고 한다.

이것은 어떤 면에서는 엔지니어의 꿈이다. 건물이 안전하게 설

빌트

계되어 거주자들은 건물이 서 있기 위해 동원된 수많은 복잡한 기술에 대해서는 전혀 모른 채 자신의 일을 편안하게 계속하는 것 말이다.

3

화재

Fire

수많은 재난으로부터
얻은 교훈

　1993년 3월 12일 아침, 나는 평소처럼 뭄바이의 주후 지구에 있는 학교에 가고 있었다. 머리는 뒤로 단정하게 묶고 다리미질한 흰 블라우스에 갈색 에이프런 드레스를 입고 있었다. 이에는 치아교정기를 하고 있었는데, 내가 고른 녹색 줄로 치아를 얽고 있었다. 당연히 별로 보기에 안 좋았다(그렇다, 나는 아홉 살에 이미 반에서 괴짜로 분류되었다). 오후 두 시가 되자 엄마가 나와 여동생을 데리러 왔다. 우리는 라임빛이 도는 녹색의 피아트를 타고 집에 왔다. 엄마가 차를 주차하는 동안 나와 여동생은 평소처럼 4층 계단을 뛰어 올라갔다. 누가 우리 집 문 앞에 먼저 도착하는지 경쟁했던 것이다. 하지만 뭔가 느낌이 평소와 달랐다. 우리는 집 앞에 다다르지 못한 채 걸음을 멈출 수밖에 없었다. 이웃집 여자가 두파타(dupatta, 남부 아시아 여성이 걸치는 긴 스카프 형태의 의상-옮긴이)를 만지작거리며 걱정스러운 표정으로 거기 서 있었기 때문이다.

　우리는 금세 이유를 알아챘다. 엄마가 학교에 들른 사이에 뭄바이증권거래소에 폭탄 테러가 일어났던 것이다. 그 건물에서 우리 아버지와 삼촌이 일하고 있었다.

공황 상태에 빠진 우리는 아파트에 들어가 텔레비전을 켰다. 모든 뉴스 채널이 그 무차별적인 테러에 대해 보도하고 있었다. 폭탄은 도시 곳곳에서 계속 터지고 있었다. 수백 명이 죽거나 다쳤다. 이때는 아직 휴대전화가 나오기 전이어서 아버지와 삼촌이 무사한지 확인할 방법이 없었다.

뭄바이증권거래소는 29층짜리 콘크리트 건물로 뭄바이 증권가 한가운데 있었다. 폭탄을 실은 자동차가 주차장 차고에서 폭발했다. 많은 사람의 목숨이 희생됐다. 더 많은 사람이 다쳤다. 겁에 질린 나는 텔레비전 앞에 서서 피와 먼지를 뒤집어쓴 채 피어오르는 연기 속에서 달려 나오며 울부짖는 사람들을 지켜보았다. 경찰차, 소방차, 구급차가 건물로 달려왔고, 사이렌 소리가 울려퍼졌다. 폭발이 일어난 곳과 가장 가까운, 건물의 1층과 2층이 파괴되어 있었다. 그 층에서 일하는 사람은 누구도 살아남지 못했을 것이 분명했다. 높은 층에 있던 사람들이 계단으로 내려와 건물을 벗어나고 있었다. 우리는 서로를 쳐다보며 아무 말도 하지 못했다. 하지만 모두 똑같은 생각을 하고 있었다. 아버지와 삼촌은 8층에서 일하고 있었다. 우리는 가장 간절한 마음으로 조용히 두 사람의 안전을 빌고 또 빌었다.

나중에 알게 되었지만, 아버지는 책상에 앉아 고래고래 소리를 지르며 고객과 통화를 하고 있었다고 한다. 전화가 잘 들리지 않았기 때문이다. 그런데 그때 건물을 뒤흔든 거대한 폭발이 있었다. 처

음에 아버지는 전기 발전기나 커다란 냉방장치가 폭발한 줄로만
알았다. 아버지는 자리에서 벌떡 일어나 직원들에게 사무실에 가만
히 있으라고 했다. 하지만 잠시 뒤, 공포에 질린 사람들이 계단을
뛰어 내려가는 소리를 들었다. 사람들이 폭탄이 터졌다면서, 모두
빨리 빠져나가야 한다고 소리를 질렀다. 아버지와 삼촌 그리고 동
료들은 사무실을 나와 공포의 현장으로 향했다.

수백 명이 계단을 가득 채우고 있었다. 움직일 공간이 거의 없었
다. 머리를 숙이고 온힘을 다해 한 번에 한 발씩 움직였다. 흩어진
신체를 보지 않으려고 기를 쓰면서…. 팔, 다리, 피가 계단 뒤에 널
려 있었다. 마침내 아버지는 1층에 다다랐다. 몰려든 구급차가 길
을 막았다. 아버지와 삼촌은 그곳을 벗어나 버스를 타고 할머니 댁
으로 갔다. 우리가 학교에서 집으로 돌아온 지 두 시간 만에(내 인생
에서 가장 긴 시간이었다) 아버지가 우리에게 전화를 해서 삼촌과 아버
지가 무사하다고 말해주었다.

몇 년 뒤, 그러니까 구조공학 석사 과정을 공부하던 시절, 나는
고층 건물을 폭발로부터 보호하려면 어떻게 해야 하는지를 토론하
게 됐다. 갑자기 3월의 끔찍했던 일이 떠올랐다. 처음으로 여러 가
지 생각이 떠올랐다. 강력한 폭발물이 건축물의 기초부에서 터졌고
뒤이어 불이 났다. 그런데 어떻게 뭄바이증권거래소 건물 전체가
무너지지 않았을까?

여기에는 두 가지 이유가 있다. 엔지니어는 건물이 폭발에 견디
도록 설계한다. 그래서 건물은 손상을 입는다고 해도 카드로 만든
집처럼 무너지지 않는다. '모든' 건축물 설계에는 안전을 위한 최소

한의 기준이 있다. 하지만 더욱 취약한 건물들, 그러니까 고층 건물이나 상징적인 건물이나 많은 사람을 수용하는 건물은 다양한 폭발 시나리오에 대응할 수 있도록 특별히 설계된다. 두 번째, 모든 건축물은 불이 건물을 삼켜버리기 전에 불을 끄도록 설계돼야 한다. 그래야 사람들은 탈출할 시간을 벌고, 불은 좁은 영역에 갇힌 상태로 건물 전체에 큰 피해를 주기 전에 진압된다.

하지만 건축물을 처음부터 이렇게 지었던 것은 아니다. 과거의 재난을 통해 이렇게 지어야 한다고 배운 것이다.

*

1968년 5월 16일 이른 아침, 아이비 호지(Ivy Hodge)는 차를 끓이기 위해 부엌으로 갔다. 가스 밸브를 열고 성냥을 그은 이후 그녀가 기억하는 것은 바닥에 똑바로 누워서 하늘을 보고 있었다는 사실뿐이었다. 부엌과 거실의 벽이 사라져버렸다.

아이비는 런던 캐닝타운에 위치한 22층 건물의 18층에 살고 있었다. 바로 이곳에서 폭발이 일어났다. 평화롭고 조용한 거주지에서 폭발이 일어난 것은 처음이었다. 이 사건은 이후 건축물에 큰 영향을 끼쳤다.

그 건물은 제2차 세계대전 이후 도시 재건의 일환으로 빠르게 지어졌던 건물이다. 4분의 1에 달하는 주민이 폭격과 붕괴로 집을 잃은데다 전후 인구가 크게 증가하면서 주택난이 심각해졌다. 집을 신속하고 효율적으로 짓기 위해 새로운 건축 형식이 실험되었다. 대표적인 것이 로넌 포인트(Ronan Point)라고 불린 이 건물이었다.

이 건물은 '프리패브리케이션(prefabrication)' 공법으로 급히 만들어졌다. 건설 현장에 물기가 있는 콘크리트를 붓고 벽이나 바닥으로 굳기를 기다리는 대신(다른 모든 콘크리트 건축물에 필요한 방법이다), 방 크기의 콘크리트 패널을 공장에서 만드는 방식이다. 패널을 자동차로 운반한 다음 크레인으로 들어올린다. 마치 카드로 집을 짓는 느낌이랄까. 1층 바닥에 벽을 세우고 수평의 패널을 벽 위에 올려서 2층을 만든다. 이런 식으로 계속 위로 쌓아간다. 패널은 현장에서 약간의 젖은 콘크리트로 고정된다. 건물의 무게는 이런 커다란 내력 패널에 의해 전달된다. 골격이나 프레임은 없다. 이 새로운 공법은 비용과 시간과 노동력이 적게 들었다. 모두 전후 영국 재건기에 중요하게 고려되던 경제적 요건들이었다.

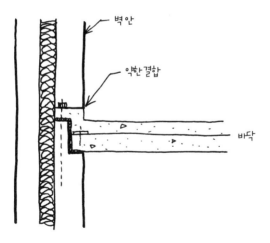

로넌 포인트 같은 곳에서 사용되던 세심하지 못한 마무리.
여기에서는 약간의 젖은 콘크리트만으로 조립식 패널을 결합시킨다.

화재

아이비 호지의 아파트에 최근 설치한 부실한 보일러로부터 계속 가스가 새어 나오고 있었다. 성냥 불꽃이 새어 나왔던 가스에 불을 붙였고, '폭발했다!' 한쪽 벽의 모서리를 이루던 패널이 날아가 버렸다. 지지하던 물체가 사라지자, 위에 있던 벽이 무너져 내리면서 아래층을 강타했다. 한 층씩 차례대로 모서리 위의 바닥이 무너졌고 커다란 건물 잔해가 위에서 아래로 떨어져 내렸다. 이 때문에 자신의 집에서 잠을 자던 네 사람이 숨졌다.

이상하게도 폭발로 아이비의 고막이 터지지는 않았다. 아마 폭발력 자체가 크지는 않았던 것으로 추정된다. 고막을 손상시키는 데에는 그리 큰 압력이 필요하지 않기 때문이다. 수사 결과에 따르면, 실제로 일어난 폭발의 3분의 1 수준의 폭발력만으로도 벽의 패널이 파괴될 수 있는 것으로 나타났다. 패널은 그저 다른 패널 위에 얹혀 있을 뿐, 제대로 결합되어 있지 않았기 때문에 폭발에 날아가 버릴 수밖에 없었다. 건물 설계자는 패널 사이의 마찰력과 약간의 젖은 콘크리트 '풀'로 벽을 고정해두었다. 하지만 이것으로는 충분하지 않았다. 폭발이 벽을 밀어내는 힘이 마찰력과 콘크리트의 저항력보다 컸기에 결국 벽은 날아가 버렸다. 그러자 위에 있던 벽이 무게를 전달할 곳을 잃으면서 맥없이 무너져 내렸다.

이 붕괴 사고에는 또 하나 특이한 것이 있다. 보통 건물의 기초부에서 일어난 폭발이 가장 파괴적이라고 생각하기 쉽다. 위에 무너져 내릴 층이 많기 때문이다. 하지만 이 경우에는 폭발이 건물 기초부에서 일어났다면 붕괴는 전혀 발생하지 않았을 것이다.

마찰력은 무게에 따라 다르다. 두 표면에 작용하는 하중이 클수

꼭대기 근처에서
일어난 폭발

큰 붕괴가
유발됐다.

1968년 런던 로넌 포인트에서 일어난 폭발에 이은 붕괴.
한쪽만 무너진 '불균형 붕괴'였다.

록 마찰력도 커진다. 아이비의 아파트는 고층 건물의 꼭대기에 가까웠기 때문에 벽과 바닥 사이의 결합부에 단지 네 층의 무게만 가해졌다. 그래서 마찰력이 작았다. 폭발이 일어나자, 폭발의 압력이 마찰력을 이기고 콘크리트 패널을 날려버렸다. 하지만 건물 아랫부분에서는 20층 이상의 패널 무게 때문에 벽 패널 사이에 더욱 강한

화재

마찰력이 형성된다(겹겹이 잡지가 쌓여 있을 경우 아래쪽에 있는 잡지를 꺼내는 것이 꼭대기에 있는 잡지를 꺼내는 것보다 어려운 이유와 같다). 그래서 직관과는 반대로, 꼭대기 근처에서 일어난 폭발이 재앙적인 결과를 가져온다. 요즘은 이런 일이 그리 흔하지 않다. 왜냐하면 더는 이런 식으로 건물을 짓지 않기 때문이다.

로넌 포인트의 붕괴는 이후 건축에 두 가지 시사점을 주었다. 하나는 건물의 구조물을 단단히 묶는 것이 중요하다는 점이었다. 그래야 벽이나 바닥의 패널이 강한 힘으로 눌려서 미끄러지지 않는다. (로넌 포인트에서는 조립식의 벽 패널과 바닥을 연결해주는 강철 막대가 강한 바람으로부터 건물을 지켜줄 수 있었다. 오늘날의 조립식 건축물들은 이렇게 연결을 이용한다.) 콘크리트를 붓거나 강철로 고정시키는 등 과거 방식으로 지어진 건물이라도 보와 기둥은 단단히 고정되어야 한다. 강철 프레임의 경우 강철을 서로 연결해주는 볼트는 바람과 중력이 가하는 일반적인 하중을 견뎌야 할 뿐만 아니라 구조물을 서로 고정해주는 역할도 해야 한다.

두 번째로, 엔지니어들은 불균형 효과를 예방해야 한다. 로넌 포인트의 경우 18층에서 일어난 한 번의 폭발로 모든 층의 한쪽 모서리가 무너졌다. 이런 도미노 효과는 원인에 대해 불균형했기에 '불균형 붕괴(disproportionate collapse)'라는 새로운 용어를 탄생시켰다. 폭발 사고가 일어나면 당연히 건물에 손상이 발생한다. 하지만 폭발의 영향은 건물 전체에 고르게 퍼지지 않는다. 로넌 포인트의 문제는 하중이 전해질 곳이 없었다는 사실이다. 그러므로 핵심은 건축물 일부가 사라지더라도 힘이 어딘가로 흘러가야 한다는 것이다. 이것은 의자에 앉을 때와 비슷하다. 이론적으로 각각의 의자 다리에는 우리 몸무게의 4분의 1이 전달되어야 한다. 하지만 많은 사람들이 그렇게 하듯 몸을 기울여 의자를 기우뚱하게 하면 모든 체중이 의자의 두 다리로만 가게 된다. 두 다리가 설계 시에 예상했던 것보다 두 배의 하중을 받게 되는 것이다. 만일 의자 다리가 하중을 견디지 못하고 부러진다면 우리는 바닥에 떨어져 엉덩이에 타박상을 입을 것이다. 하지만 구조공학자가 이런 행동을 예상하고 모든 의자 다리가 두 배의 하중에 견디도록 설계한다면 우리 엉덩이는 무사할 것이다.

그러므로 하중이 지나갈 새로운 경로를 만들어주자는 아이디어가 제시됐다. 나는 컴퓨터 모델을 통해 기둥을 지우고 주변 기둥에 더욱 커다란 힘이 가해지는 상황을 입력한다. 그리고 이를 토대로 설계한다. 그러면 해당 기둥이 사라지더라도 주변 기둥들이 충분한 역할을 하는지 확인할 수 있다. 그런 다음 다시 해당 기둥을 복원하고 이번에는 다른 기둥을 없애본다. 이렇게 다양한 조합들을 시도해봄으로써 폭발이 일어나도 건물이 안정한지를 확인한다. 구조공학자와는 젠가게임을 하지 마라. 우리는 어떤 블록을 빼야 할지 너무나 잘 알고 있다. 건축물에서 어떤 부분을 빼야 무너지지 않을지 말이다.

*

역사를 통틀어, 엔지니어와 행정당국은 마을과 도시를 완전히 파괴할 수도 있는 불과의 싸움을 벌여왔다. 로마의 집은 프레임과 바닥 그리고 지붕에 목재를 자주 썼다. 목재는 불이 잘 붙었고, 실제로도 화재가 잦았다. 서기 64년에 발생한 로마 대화재는 도시의 3분의 2를 잿더미로 만들었다. 원래 목재에는 화재를 견디게 하는 어떠한 보호 조치도 되어 있지 않았다. 벽은 도료를 바른 윗가지로 만들어졌다. 윗가지는 가는 나뭇가지를 가로세로 격자로 엮어서 마치 바구니처럼 보였다. 윗가지는 물기를 머금은 흙, 점토, 모래, 짚으로 덮여 있었다. 이런 구조물은 불이 잘 붙고 빨리 번졌다. 좁은 길은 상황을 악화시켰다. 불꽃이 건물과 건물 사이의 짧은 거리를 쉽게 뛰어넘었기 때문이다.

마르쿠스 리키니우스 크라수스(Marcus Licinius Crassus)는 기원전 1세기 로마의 상류층에서 태어났다. 그는 존경받는 장군이 되었다 (스파르타쿠스의 노예 반란 진압에 공을 세웠다). 하지만 사업가로서는 악명이 높았다. 크라수스는 기회를 잡을 줄 아는 사람이었다. 그는 로마 화재의 참상을 목격하고 세계 최초의 소방대를 창설했다. 소방대는 화재 진압 훈련을 받은 500명 이상의 노예로 이루어져 있었다. 크라수스는 이 소방대로 개인 사업을 했다. 불이 나면 그의 소방대가 출동해 다른 소방대를 쫓아내고는 크라수스가 비통해하는 건물주를 상대로 불을 끄는 비용을 협의할 때까지 기다렸다. 만약 협상이 잘되지 않으면, 소방대원들은 건물이 모두 타버릴 때까지 그냥 내버려두었다. 그러면 크라수스는 건물 주인에게 연기가 피어오르는 땅을 사겠다며 터무니없는 가격을 제시하곤 했다. 이런 방식으로 그는 빠르게 로마의 상당 부분을 사들였고, 마침내 부호가 되었다. 다행히 오늘날의 소방대는 훨씬 더 정직하게 활동한다.

빌트

로마 대화재 이후 네로 황제는 도시에 몇 가지 변화를 지시했다. 거리를 확장하고 건물은 6층 이하로 짓게 했다. 그리고 제빵사와 판금업자들의 점포는 빈 공간을 품은 이중벽으로 거주 구역과 분리시켰다. 그는 발코니를 방화 공간으로 만들어 화재 시에 탈출을 쉽게 했다. 또한 화재 진압을 위해 수리 시설에 투자했다. 로마인들은 전통에서 배웠고, 우리 역시 그렇게 어렵게 얻은 지혜로부터 배워왔다. 수천 년 뒤, '방, 집, 건물을 방화재와 공간 이격을 통해 분리한다'는 단순한 원칙이 여전히 현대적인 건축물을 화재로부터 보호하기 위해 이용되고 있다.

*

2001년 9월 11일, 세계는 두 대의 항공기가 뉴욕의 세계무역센터에 충돌하는 장면을 공포에 질린 채 지켜봤다. 당시 대학 입학을 앞둔 나는 로스앤젤레스에서 휴가를 보내고 있었고 다음날 뉴욕으로 날아갈 예정이었다. 나는 뉴스를 보며 앉아 있었다. 건물이 충돌한 시간 뒤에 무너져 내렸다. 며칠 뒤, 나는 바로 런던으로 돌아왔다. 그때 벌써 세계가 변했음을 조금은 느낄 수 있었다.

그 사건을 엔지니어의 관점에서 보면, 섬뜩한 그날은 고층 건물의 설계와 건설 분야에 큰 파문을 일으켰다. 나는 고층 건물의 붕괴를 이끈 구조적 문제점에 대해 읽으면서 재앙을 불러온 것이 항공기 충돌만이 아니라 뒤이은 화재라는 사실에 놀랐다.

뉴욕은 장쾌한 풍광을 자랑하는 고층 건물로 가득하다. 그중 쌍둥이 빌딩인 세계무역센터(1973년 문을 열었다)는 뉴욕의 가장 상징

화재

적 건물이었다. 겉보기에 쌍둥이 건물은 매우 단순하다. 조감도를 보면 완벽한 정사각형에 110층 높이다. 각각의 건물은 강철 기둥으로 이루어진 커다란 중앙 코어를 지니고 있다. 하지만 이 기둥이 건물을 안정화시키는 것은 아니다. 대신 '거북 등딱지'와 비슷한 외골격 구조가 건물을 안정화시킨다.

정사각형의 모든 둘레에 1미터 간격으로 수직의 기둥이 세워져서 각 층의 보와 연결되어 있다. 보와 기둥이 한데 결합해 튼튼한 프레임을 이룬다. 독자들이 이미 읽었던 거킨(30 세인트 메리 액스)의 공법과 비슷하다. 하지만 삼각형 대신 거대한 정사각형이라는 점이 다르다. 보와 기둥 사이의 결합은 매우 단단하다. 이런 외부 프레임은 건물이 바람의 힘에 단단히 맞서게 해준다.

항공기가 건물에 부딪쳤을 때, 이 외골격에 커다란 구멍이 생겼다. 많은 보와 기둥이 파괴됐다. 사실 구조공학자는 항공기가 부딪칠 가능성을 이미 설계에 고려했다. 설계자는 보잉 707(공사 당시 운항 중이던 가장 큰 민간 항공기)이 건물에 부딪칠 경우를 연구하고, 그에 대비해 설계를 했다. 보와 기둥은 서로 아주 단단히 연결되어 있어서 일부 구조물이 사라지더라도 하중이 다른 곳에 전해질 수 있었다. 하중은 구멍 주위를 따라 흘러가게 되어 있었다(역시 엔지니어들이 로넌 포인트에서 배운, 불균형 붕괴를 예방하라는 원칙을 따른 것이다).

문제는 쌍둥이 빌딩에 부딪친 항공기가 거의 30년 전에 엔지니어들이 설계에 포함시켰던 보잉 707이 아니라는 사실이었다. 더 많은 항공 연료를 싣는, 더 커다란 767항공기였다. 충돌 순간, 연료에 불이 붙었다. 그리고 이 불길이 연료와 항공기 잔해 그리고 건물의

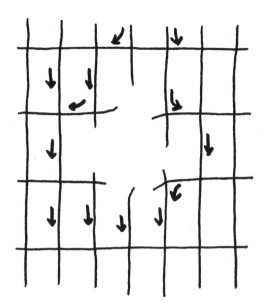

건물의 하중은 새로운 경로를 찾는다. 힘은 다른 경로를 따라 하중을 전달한다.

집기 등 각종 인화성 물질을 태우며 강철 기둥을 매우 뜨겁게 달궜다. 강철이 뜨거워지면 바람직하지 않은 현상이 발생한다. 물질을 구성하는 작은 결정이 에너지를 얻어 진동하면서 움직이기 시작하는 것이다. 그래서 원래는 강했던 결정 사이의 결합이 느슨해진다. 결합이 느슨해지면 금속이 부드러워진다. 그러므로 뜨거운 강철은 차가운 강철보다 약하고, 똑같은 하중을 견디지 못한다. 9·11사태 때, 구멍 바로 옆의 기둥은 평소보다 많은 하중을 지탱하고 있었다. 원래 받았던 하중만이 아니라 주위의 다른 기둥이 받던 하중도 견뎌야 했기 때문이다. 강철 기둥과 바닥 보에는 광물질 섬유를 섞은 특수 페인트를 입혀놓았다. 화재 시의 열전달을 막아 너무 뜨거워

화재

지는 것을 방지하기 위해서였다. 하지만 비행기의 충돌과 거기서 나온 잔해들이 보호 페인트를 벗겨냈고 강철 곳곳이 불에 노출되었다. 건물 둘레에 위치한 기둥의 온도는 더 높이 솟았다.

코어를 구성하는 강철 기둥은 비정상적으로 뜨거워졌다. 두 층의 석고보드(두 장의 두꺼운 종이 시트 사이에 석고를 넣은 패널)가 코어를 건물의 다른 부분과 분리시키고 있었다. 사무실 공간에서 불이 나도 코어까지 침투하지 못하게 하기 위한 아이디어였다. 하지만 이 보드가 손상되면서 코어 기둥은 취약해졌고 안전 통로가 노출되었다.

기둥이 점점 약해졌고 온도는 섭씨 1000도에 이른 뒤에도 점점 올라갔다. 기둥이 하중을 견디지 못하고 휘기 시작했다.

마침내 기둥은 완전히 부서졌고 기둥에 떠받쳐졌던 건물은 중력의 영향에 맥없이 노출됐다. 기둥이 무너진 층이 내려앉았다. 하지만 아래층도 무너져 내린 하중을 견딜 만큼 강하지 못했고 역시 무너져 내렸다. 로언 포인트처럼, 하지만 훨씬 대규모로 도미노 효과가 일어나 모든 층이 무너졌고 결국 건물이 붕괴됐다. 페인트와 보드로는 이런 강력한 화재를 막을 수 없었다.

초고층 건물을 설계하는 방법이 이날 이후 바뀌었다. 오늘날 탈출 통로는 더욱 튼튼하게 보호된다. 초창기에는 강철 대신 콘크리트로 지어 약한 석고보드 대신 화재를 차단하게 했다. 튼튼한 콘크리트 벽을 지니게 된 것이다.

콘크리트는 좋은 전도체가 아니라서 열을 잘 전달하지 못한다. 즉 콘크리트를 달구려면 오랜 시간이 걸린다. 하지만 콘크리트를 강화하기 위해 콘크리트 안에 넣는 강화 막대(철근)가 열을 아주 잘 전도하기에 엔지니어에게는 큰 골칫거리다. 화재로 철근이 달구어지면, 열 에너지가 빠르게 수직으로 퍼진다. 반면 주위의 콘크리트는 느리게 가열된다. 뜨거운 강철은 차가운 콘크리트보다 빠르게 팽창하기 때문에 콘크리트 바깥층에 균열이 일어나고 결국 터지기 시작한다. 두꺼운 유리 텀블러에 뜨거운 물을 부었을 때처럼 말이다. 유리 안쪽은 매우 뜨겁기에 팽창하는 반면 바깥층은 여전히 차갑기 때문에 텀블러가 터진다. 유리가 콘크리트처럼 열을 잘 전도하지 않아서 벌어지는 일이다. 뜨거운 안쪽이 팽창하면서 바깥층에 균열이 일어난다.

이제 구조공학자들은 시험과 실험을 통해 열에 달구어진 철근이 콘크리트를 터뜨리기까지 시간이 얼마나 걸리는지 알게 됐다. 그래서 철근을 콘크리트 아주 깊숙한 곳에 심어 바깥의 콘크리트가 손상되기 전에 불이 꺼지게 했다. 덕분에 사람들은 콘크리트 코어를 통해 건물을 탈출할 시간을 벌게 됐다. 또는 소방대원들이 불길을 잡고 건물 붕괴를 막을 수도 있다. 건물이 높고 클수록 탈출에 오랜 시간이 걸린다. 따라서 이런 건물에서는 강철이 콘크리트의 더욱 깊숙한 곳에 들어가 있다. 단 2, 3센티미터가 큰 차이를 만든다.

그러므로 콘크리트 코어는 두 가지 역할을 한다. 건물을 바람과 하중에 맞서 안정화시키는 역할과 거주자들을 위한 비상 탈출구 역할 말이다. 이제 공학자들은 바람에 저항하기 위해 외골격을 사용하더라도(내부 코어가 필요 없다는 뜻이다) 안전 탈출구를 마련하기 위해 콘크리트 벽을 설치하곤 한다. 그리고 강철 기둥과 보를 불로부터 보호하는 방법도 놀랄 만큼 발전했다. 불이 붙지 않는 보드와 팽창하는 페인트(가열되면 팽창하는 페인트)가 그 예다. 이들 자재는 강철이 너무 빨리, 너무 뜨거워지는 현상을 막아줌으로써 강도를 유지시켜준다.

엔지니어는 사고에서 배운다. 이것은 기본 중의 기본이다. 끊임 없이 개선하는 것, 다시 말해 더욱 좋고 강하며 안전한 건축물을 짓기 위해 노력하는 것이 엔지니어의 임무다. 이런 교훈 덕분에 우리는 기둥을 없애도 무너지지 않을지 미리 점검해본다. 뭄바이증권거래소 건물이 이런 방법으로 지어졌다. 이제는 어떤 건물이 차량 폭탄 테러로 심각한 피해를 입더라도 손상된 부위에 가해지던 하중이 다른 곳으로 흘러갈 것이다. 손상된 부분은 나머지 부분과 단단히 결합해 있기 때문에 안정된 상태를 유지할 것이다. 덕분에 뭄바이증권거래소는 로넌 포인트와는 다르게 2층이 무너져 내리지 않았다. 콘크리트 벽과 기둥에 심어져 있던 철근은 폭발 뒤에 불어닥친 화재에도 힘을 잃지 않았다.

모두 엔지니어들이 역사로부터 배운 교훈이었다. 그리고 그날 아버지를 살려주었던 새로운 설계 방법 역시 역사로부터 왔다.

빌트

4
벽돌

Clay

Keystone

피라미드부터 피렌체 대성당까지
그리고 우리집에도

2000 BC   100 AD   1311   1889   1928   2010

나는 빵 굽는 걸 좋아한다. 별로 놀라운 일은 아니다. 공학과 제빵 사이에는 공통점이 많으니까. 질서정연한 일련의 과정을 따라 케이크를 만드는 것이 좋다. 인내심을 발휘해서 정확한 방법을 따라야 한다는 것도 마음에 든다. 그러지 않으면 모양이나 질감이 제대로 나지 않는다. 기대감에 가득한 기다림도 좋다. 내 작품이 완성될 때까지의 고요한 시간. 그동안 케이크는 오븐에서 천천히 모양이 잡혀간다. 보통 이 과정은 아주 만족스럽기 마련이다. 하지만 당혹스러운 좌절의 순간도 있다. 맛있는 파인애플 케이크를 기대하고 오븐을 여는 순간, 흥건히 흘러내린 버터 위에 익지 않은 과일이 둥둥 떠 있는 모습이 눈앞에 나타난다면 말이다. 젖은 바닥이 문제가 아니다. 이건 절망적인 재앙이다. 오븐과 레시피를 나무라면서(내 잘못이었던 때는 거의 없다) 케이크를 쓰레기통에 바로 버린다. 빵을 굽는 것은 공학처럼 재료를 올바르게 선택하고 제대로 결합시키는 과정일 뿐이라는, 소중한 깨달음 외에는 쓸모가 없기 때문이다.

건물이나 다리를 지을 때, 가장 신경 쓰는 것이 재료다. 서로 다른 재료를 쓰면 건축물의 프레임이 배열된 방법, 느낌, 무게, 비용까지 완전히 바꿀 수 있다. 재료는 건물이나 다리의 목적을 제대로 구현해주어야 한다. 건축물의 골격은 건물을 이용하는 사람들의 눈에 띄지 않아야 한다. 건물의 재료는 하중에 따르는 압력과 장력을 견뎌야 한다. 움직임이나 온도가 요동을 쳐도 기능에 문제가 없어야 한다. 마지막으로, 나는 건축물이 환경 속에서 최대한 오래 견디게

벽돌

해주는 재료를 고른다. 다행히 내가 설계한 작품들은 빵보다는 성공률이 높다.

재료의 과학은 오랫동안 인류를 매혹해왔다. 고대부터 인류는 물질을 이해하고 이론화하려고 노력해왔다. 그리스 철학자 탈레스(Thales, 기원전 600년경)는 물이 만물의 근원이라고 결론 내렸다. 헤라클레이토스(Heracleitos, 기원전 535년경)는 불이 만물의 근원이라고 말했다. 데모크리토스(Democritos, 기원전 460년경)와 그의 제자 에피쿠로스(Epicuros)는 '입자(indivisibles)'가 만물의 근원이라고 했다. 오늘날 우리가 원자라고 부르는 바로 그것이다. 힌두교에서는 네 개의 원소인 흙, 불, 물, 공기로 물질을 설명하고, 다섯 번째 원소인 허공(akasha)이 물질세계 위를 덮고 있다고 주장한다. 로마의 엔지니어인 비트루비우스는 《건축서》에서 모든 물질은 네 개의 원소로 만들어지며, 이 원소들의 비율에 따라 물질의 작동과 특성이 달라진다고 말했다.

일정 수의 기본 재료를 서로 다른 비율로 배합함으로써 모든 색, 질감, 강도, 특성을 낼 수 있다는 생각은 혁명적이었다. 로마인들은 부드러운 재료는 공기의 비율이 더 높은 반면 단단한 재료는 흙을 더 많이 함유한다고 추정했다. 물이 많이 함유된 재료는 물에 잘 저항하고, 딱딱한 재료는 불의 지배를 받는다고 믿었다. 호기심이 많고 발명을 즐겼던 로마인들은 이 재료들이 더욱 나은 특성을 갖도록 가공했다. 이렇게 탄생한 것이 콘크리트다. 로마인들에게 주기율표가 있었던 것은 아니다(1869년 드미트리 멘델레예프가 최초의 주기율표를 만들기 한참 전이었다). 하지만 그들은 재료의 특성이 원소의 비율에 달려 있으며, 다른 원소에 노출시킴으로써 원소의 비율을 변화시킬 수 있다고 생각했다.

하지만 오랫동안 인류는 자연이 제공하는 재료의 기본 특성을 변화시키지 않고 그대로 건축에 이용해왔다. 우리 조상의 거주지는 주변에서 쉽게 구할 수 있는 재료로 지어졌다. 바로 활용할 수 있고 쉽게 모양을 바꿀 수 있는 재료들 말이다. 단순한 도구로 나무를 베고 통나무를 묶어 벽을 세웠다. 그리고 동물 가죽을 꿰어 벽 위에 걸쳤다.

나무가 없을 경우에는 점토로 집을 지었다. 인류는 도구를 발명하고 혁신성과 대범함까지 갖추며 한 걸음 더 나아갔다. 점토를 나무 틀(주형)에 넣어 다양한 크기의 직육면체 모양으로 찍어내 사용하는 편이 낫다는 사실을 알아낸 것이다. 점토를 태양에 말리면(로마 철학에 따르면, 물은 달아나게 하고 흙을 모으며 불을 이용하는 것이다) 훨씬 단단해졌다. 인류가 벽돌을 발견한 것이다.

벽돌은 기원전 9000년경, 중동의 사막 지대에서 이미 사용됐다. 신석기 시대 인류는 해수면보다 수백 미터 낮은, 요르단강 깊은 계곡에 예리코라는 도시를 건설하면서 납작하게 빚은 점토를 햇빛에 말린 다음 벌집 모양의 집을 지었다. 기원전 2900년경 인더스문명권에서는 가마에서 구운 벽돌로 건축물을 지었다. 이 과정에는 기술과 정교함이 요구되었다. 만약 충분히 오랫동안 가열되지 않으면 진흙은 제대로 마르지 않는다. 너무 많이 가열하거나 너무 급하게 가열하면 균열이 생긴다. 하지만 적절한 온도로 적당한 시간 동안 구우면, 점토는 강해져서 비바람에도 잘 견딘다.

벽돌

인더스문명의 유적이 오늘날의 파키스탄에 해당하는 모헨조다로와 하라파에서 발견되었다. 그들이 사용했던 벽돌은 크기와 상관없이 모두 4대 2대 1(길이 대 넓이 대 높이)의 완벽한 비율을 갖고 있었다. 이 비율은 오늘날에도 엔지니어들이 여전히 사용하는 비율이다. 이 비율을 따르면 벽돌이 고르게 마르고 손에 들기에도 좋은데다 모르타르나 접착제 등을 이용해 다른 벽돌들과 서로 결합시키기에도 유리한 표면직을 지니게 된다. 인더스문명과 같은 시대에 중국에서도 벽돌이 대량생산되었다. 하지만 수수한 벽돌이 서양에서 가장 널리 이용되는 건축 재료로 부상한 것은 대제국이 등장한 이후였다.

*

내게 로마 공학의 에너지와 창의력은 놀라움과 경탄의 원천이다. 그래서 나폴리에서 남쪽으로 해안을 따라 이동하는 열차를 탔을 때는 정말 흥분됐다. 이곳은 세계적으로 유명한 유적지이기도 하다. 나와 남편은 커플 샌들 차림으로 목적지에 내렸다. 해변에 쏟아지는 여름 햇빛을 피하기 위해 역시 커플 사파리 모자를 썼다. 그리고 그대로 폼페이의 고대 유적을 향해 걸어갔다.

자갈길을 따라 상점이 늘어서 있었다. 주방 조리대에는 움푹 파인 구멍이 있었다. 고깔 모양의 냄비나 항아리(암포라amphora)를 담았던 곳이다. 바닥에는 물고기 같은 바다 생물을 묘사한 모자이크가 있었다. 다른 모자이크에는 사나운 개와 'Cave canem'이라는 문구가 새겨져 있었다. '개조심'이라는 뜻이다. 거리에 그려진 이런

빌트

그림들 옆으로는 메난드로스(Menandros, 고대 그리스의 작가)의 집같이 배치가 좋은 집들이 있었다. 널찍한 안마당과 욕실 그리고 정원을 아름다운 비율의 열주가 늘어선 열주랑(peristyle)이 둘러싸고 있었다. 모든 것이 전성기에 이곳이 얼마나 영광되고 번성하는 곳이었는지 강하게 암시한다.

하지만 내 눈을 가장 잡아끈 것은 핏빛의 붉은 벽돌이었다. 모든 곳에 벽돌이 있었다. 원래는 기둥 표면을 덮은 장식에 가려져 보이지 않던 벽돌들이 장식이 떨어져 나가며 모습이 드러났다. 이들은 세 겹의 얇은 층으로 이루어진 벽에서 강한 색의 대비를 보이는 흰색 돌 층을 대신하고 있었으며, 자부심을 가득 담은 것처럼 보였다. 하지만 내가 가장 좋아하는 벽돌 건축물은 두말할 것도 없이 아치다.

아치는 건축물의 중요한 구성 요소다. 아치는 휘어져 있다. 원이나 타원의 일부이거나 심지어 포물선의 일부다. 아치는 강한 형태다. 예를 들어 달걀을 생각해보자. 달걀을 한 손으로 아무리 움켜쥐어도 깨뜨리는 것은 거의 불가능하다. 휘어진 껍데기는 압축력을 받으면, 손아귀가 가하는 일정한 힘을 통과시킨다. 이 껍데기를 깨려면, 보통은 칼날 등의 뾰족한 끝으로 한쪽 귀퉁이를 쳐서 일정하지 않은 힘을 가해야 한다. 아치를 누르면, 힘은 휘어진 형태를 따라 흐르며 아치의 모든 부분이 압축력을 받는다. 고대에는 돌이나 벽돌이 건축 재료로 널리 쓰였다. 이것들은 누르는 힘은 잘 견디지만 당기는 힘(장력)에는 취약하다. 로마인들은 이런 재료들의 특성과 아치의 장점을 모두 이해하고 있었다. 그래서 그들은 두 가지가

벽돌

완벽하게 결합할 수 있다는 사실을 깨달았다. 그전까지는 직선 형태의 보를 이용해 다리나 건물의 경간 거리를 늘렸다. 앞서 보았듯이, 하중이 걸리면 보는 위에서는 압축력을, 아래에서는 장력을 받는다. 돌이나 벽돌은 장력에 별로 강하지 않기 때문에 고대인들이 사용하던 보는 크고 다루기가 어려웠다. 이 때문에 보의 경간 거리에는 제약이 많았다. 하지만 압축력에 대한 아치의 강한 저항 능력을 이용함으로써 로마인들은 너 강하고 거대한 건축물을 시을 수 있게 되었다.

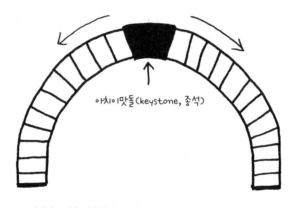

아치의 곡선을 따라 힘이 흐른다. 아치는 항상 압축력을 받는 상태다.

나를 둘러싸고 있는 아치는 수천 년을 살아남았다. 고대 아라비아의 아름다운 격언이 떠올랐다. "아치는 절대 잠들지 않는다." 아치가 잠들지 않는 이유는 아치를 이루는 요소가 끊임없이 압축 상태이기 때문이다. 아치는 끝없는 인내심으로 무게를 견딘다. 베수

비오 화산에서 흘러나온 용암이 폼페이를 덮쳐서 사람과 건물을 싹 쓸어갔을 때에도 아치는 도시를 바라보며 남아 있었다. 아치는 땅 밑에 묻혀도 원래 역할을 절대 멈추지 않는다.

폼페이의 유적은 로마인들이 정복지에 지은 거의 모든 건축물처럼 벽돌을 사용했다. 로마 군단은 이탈리아를 비롯한 여러 지역에 이동형 가마를 만들어 오늘날의 영국과 시리아 등지에까지 벽돌을 이용한 건축 기술을 퍼뜨렸다. 비트루비우스가 완벽한 벽돌을 만드는 방법을 제안했다는 사실은 놀랍지도 않을 것이다. 그가 《건축서》에 요약한 설명이 그것이다. 벽돌을 만드는 것은 케이크를 만드는 것과 더욱 비슷하다. 여기 소개하는, 고대 벽돌을 만드는 레시피는 수많은 고대 엔지니어들이 고안한 것으로, 나도 따라 할 수 있다.

고대 벽돌 레시피

재료

1. 점토

"모래나 자갈이 많은 점토로 만들어서는 안 된다. 작은 자갈도 예외는 아니다. 이런 재료로 만든 벽돌은 무겁기 때문에 비를 맞으면 서로 떨어져 내릴 수 있다. 벽돌 안에 들어 있는 짚은 서로 붙지 않는다.

흰 백악질이나 붉은 점토가 없다면 입자가 굵은 진흙으로 만들어야 한다. 이 재료들은 부드럽고 내구성이 있다. 또한 작업하기에 무겁지 않고, 언제든 땅에 붙어 있다.

2. 식물의 즙

3. 태양이나 가마를 이용한 온기

제작 방법

1. 무릎 깊이의 물에 점토 덩어리를 넣고 휘저은 다음 발로 40번 갠다.

2. 세 종류의 즙(소나무와 망고와 나무껍질의 즙)으로 점토를 적시고 한 달간 계속 갠다.

3. 약간의 물을 섞어서 점토를 빚는다. 나무 틀(주형)을 이용해서 크고 납작한 직육면체 모양으로 찍어낸나(비트루비우스 같은 로마인늘이 쓰던 그리스 리디아 벽돌은 길이가 약 45센티미터에 폭은 약 30센티미터였다). 일단 형태가 완성되면 틀에서 벽돌을 빼낸다.

4. 점토에 서서히 가열한다. 여름에 만들어진 벽돌에는 결함이 있을 것이다. 가장 바깥쪽은 태양열에 빨리 굳는 반면 안쪽은 제대로 굳지 않아 부드럽고 부실하다. 바싹 마른 바깥쪽은 수분이 많은 안쪽에 비해 쉽게 수축할 것이다.

5. 두 달에서 넉 달 뒤에 벽돌을 물에 던져 넣는다. 그리고 다시 물에서 꺼내 완전히 말린다.

인내심이 핵심이다. 벽돌이 완전히 마르는 데에는 2년까지 걸리기 때문이다. 최근에 만들어진 벽돌은 완전히 마르지 않아, 시간이 지나면 수축된다. 이런 벽돌을 쌓은 다음 회반죽을 바른 벽에는 균열이 생긴다. 그래서 비트루비우스는 다음과 같이 경고했다. "우티카 사람들은 적어도 5년 전에 만들어져 도시 통치자의 인증을 받은, 마른 벽돌로 벽을 세운다."

로마의 벽돌은 오늘날의 벽돌보다 크고 납작하다. 오히려 타일에

오늘날의 터키 베르가마에 위치한 레드 바실라카 폐허. 로마식 벽돌로 만들어졌다.

가까운 모습이다. 로마인들은 이런 모양을 선호했다. 그들이 사용하는 도구와 공법으로는 납작한 벽돌일수록 균질하게 말랐기 때문이다. 이것은 이상적인 벽돌 제조법의 가장 중요한 특성이다. 로마 광장의 신전과 콜로세움부터 프랑스 남부 가르동강을 가로지르는 가르교의 이례적인 3층 아치까지, 벽돌이 기초를 이루어왔다.

서기 476년 로마제국이 무너진 이후 벽돌 만드는 기술은 서양에서 수백 년 동안 잊혔다. 이 기술은 중세 초기(6~10세기)에 되살아났다. 중세인들은 벽돌로 성을 지었다. 르네상스 시대와 바로크 시대(14~18세기 초반)에는 건물의 벽돌을 드러내는 것이 한물간 유행이 됐고, 대신 회반죽이나 그림으로 벽돌을 가리는 것이 유행이었다.

벽돌

평평한 로마식 벽돌은 오랜 시간 건조된 끝에
아름다운 벽돌이 될 수 있었다.

이탈리아 남부 폼페이에 위치한 로마식 아치. 벽돌 작품이다.

나는 벽돌이 보이는 것이 좋다. 퐁피두 센터 바깥쪽에서 공조기나 에스컬레이터를 보는 것만큼이나 좋다. 나는 내가 설계하는 건축물이 노골적이고 정직한 것이 좋다. 내 케이크처럼, 건물이 어떤 재료로 만들어졌는지를 보여주는 것이 좋다(내가 케이크에 크림을 입힐 줄 모른다는 사실과는 상관없이 말이다).

영국 빅토리아 시대(1837~1901)와 제1, 2차 세계대전 사이에도 벽돌이 널리 사용되었다. 런던에서 내가 좋아하는 건물인 조지 길버트 스콧(George Gilbert Scott)의 세인트 판크라스 르네상스 호텔은 노출 벽돌 구조의 멋진 사례다. 영국에서는 연간 100억 개의 벽돌이 제작된다. 공장부터 집까지, 하수설비부터 다리까지, 많은 건축물이 노출 벽돌 구조로 지어졌다.

빌트

1000년 단위의 시간 척도는 아득하게만 느껴진다. 하지만 벽돌의 원재료가 탄생한 때와 비교하면 사실 1000년은 아무것도 아니다. 2부로 구성된 '발아래 영국(Britain Beneath Your Feet)'이라는 제목의 다큐멘터리를 찍을 때였다. 이 다큐멘터리는 땅과 그 아래에 파묻힌 것들을 다루었다. 나는 런던 북동쪽에 위치한 점토 광산에 갔다. 광산 소유주가 녹슨 듯한 색깔의 광산 꼭대기를 가리켰다. "저 점토는 최근에 만들어진 거예요. 2000만 년밖에 안 되었거든요." 내가 소스라치게 놀라자 그는 '좀 더 최근에 만들어진' 점토는 철 함량이 훨씬 높아서 붉은 색조를 띤다고 설명했다. 절벽 바닥 부분의 점토는 성분이 더 순수했고, 푸른빛이 도는 회색을 띠었다. 더 오래된 점토라는 표시였다.

'더 오래된'이라는 말은 5000만 년 이상 된 점토라는 뜻이었다. 오래전 화성암이 풍화되어 물과 바람 등에 의해 옮겨졌다. 바위와 돌은 석영이나 운모, 석회나 산화철 같은 다른 광물질 입자와 함께 운반된다. 바위와 광물질의 혼합물은 원래 고향인 강바닥의 퇴적층을 벗어나 아주 먼 곳에 쌓인다. 이런 환경에서 당시 번성하던 식물과 동물이 죽으면서 유기물층이 하나 추가되었다. 이 유기물층은 다시 암석층에 덮인다. 적합한 온도와 압력 속에서 이 층들은 수백만 년간 점점 퇴적암이 되어간다. 광부들은 바로 이 암석을 절벽의 사면에서 캐내고 있었다. 광산 소유주가 이렇게 말했다. 믿기 힘들 만큼 오래되었기에 점토에는 맹그로브 나무(한때는 영국에서 번성했다) 같은 열대성 식물 화석이 가득하다는 것이었다. 새의 조상, 거북, 악어 등 지금은 멸종한 생물의 화석도 많이 나왔다.

이렇게 캐낸 점토는 여러 용도로 쓰인다. 항아리를 만들기도 하고 학교에서 미술 시간에 쓰이기도 한다. 물론 벽돌도 만든다. 이를 위해 점토는 채굴지에서 공장으로 운반된 뒤, 입방체 형태가 된다. 점토를 가열해 벽돌을 만드는 핵심 원리는 고대 이후 변하지 않았다. 하지만 방법은 변했다. 오늘날에는 점토에 추가로 모래나 물을 넣어 단단하면서도 쉽게 펴거나 늘릴 수 있는 적당한 농도를 만든다. 그다음 기계에 넣는다. 기계는 점토를 주형이나 거푸집으로 뽑아낸다(플레이도펀팩토리와 비슷하지만 좀 더 크다). 점토는 기다란 직사각형 모양이 되었다가 벽돌 길이로 잘린 다음 건조대로 옮겨진다. 이곳에서 최대한 많은 물기를 천천히 말려야 한다. 그러지 않으면 벽돌에 금이 간다. 비트루비우스가 경고했듯이 말이다. 건조대는 섭씨 80~120도 정도로 비교적 온도가 낮게 설정되어 있고, 벽돌 안에 비해 겉이 너무 빨리 마르지 않도록 습기를 많이 머금고 있다. 벽돌은 건조되면서 줄어든다.

만약 벽돌 제작 과정이 여기에서 끝난다면, 고대에 가마에서 구운 것과 비슷한 벽돌이 만들어질 것이다. 다음 과정이 고대와 현대의 벽돌이 다른, 진짜 지점이다. 벽돌은 섭씨 800~1200도로 구워진다. 이때 점토의 입자들이 서로 융합하면서 근본적인 변화를 겪는다. 점토가 세라믹이 되는 것이다. 세라믹은 마른 진흙이 아니라 유리에 가깝다. 이렇게 구운 벽돌은 말린 벽돌보다 튼튼하다. 오늘날의 건축물에 쓰이는 것도 이 벽돌이다. 구운 벽돌은 상당히 강하다. 인도 신화에 나오는, 지구를 떠받치는 네 마리의 코끼리를 예로 들면(코끼리들이 기지개를 켜면 지진이 난다), 행운을 위한 코끼리를 하나 추가한 뒤 코끼리들이 서로의 등을 밟고 5층으로 탑을 쌓은 다음 벽돌 한 장에 발끝으로 올라서도 벽돌이 멀쩡하게 남아 있을 정도다.

벽돌 한 장을 쓸 만한 구조로 만들기 위해서는 특별한 풀 또는 모르타르로 각각의 벽돌을 붙여서 온전한 형태를 만들어야 한다. 고대 이집트 사람들은 회반죽(파리의 몽마르트르 지역에서 발견되고 또 채취되기 때문에 파리의 회반죽이라고 불린다)을 만들기 위해 석고를 썼다. 하지만 아쉽게도 석고는 물에 취약하다. 그래서 석고로 붙인 건축물들은 손상과 붕괴에 언제든 시달리게 되어 있다. 다행히 이집트인들은 생석회 모르타르라는 다른 혼합물도 사용했다. 생석회 모르타르는 건조되는 동안 강해지고(대기의 이산화탄소도 흡수한다), 그냥 석고보다 회복성도 좋다. 제대로만 만들면, 모르타르는 건축물을 튼튼하게 해주고 오래가게 해준다. 런던탑의 일부는 생석회 모르타르로 지어졌고, 900년이 지난 오늘날에도 잘만 서 있다.

다른 성질을 주기 위해 모르타르에 다른 재료를 섞기도 한다. 중국에서는 만리장성 축조에 모르타르를 썼다. 만리장성에 사용된 모르타르에는 끈적거리는 쌀이 조금 들어 있었다. 쌀은 주로 전분으로 구성되어 있다. 이 전분이 모르타르를 돌과 잘 붙게 해주면서도 유연하게 해주기 때문에 벽이 조금씩 움직이거나 가열되고 냉각될 때에도 쉽게 금이 가지 않는다. 로마인들은 모르타르에 동물 피를 넣었다. 그러면 모르타르가 서리도 견딘다고 믿었다. 타지마할의 돔은 불에 구운 생석회, 곱게 간 조개껍데기, 대리석 가루, 수지, 설탕, 과일즙, 달걀흰자를 섞은 '추나(chuna)'로 재료를 서로 붙였다.

오늘날 대부분의 영국 가정에서는 벽돌을 사용한다. 값이 싸기 때문이다. 하지만 벽돌에는 불리한 점이 있다. 벽돌을 한 번에 하나씩 놓는 전문가의 노동이 필요한 것이다. 상대적으로 느린 과정이다. 그리고 벽돌 하나의 표준 규격이 있기 때문에 건축물의 구조를 자유롭게 만들지 못한다. 벽돌 건축물은 장력에 매우 약하다. 모르다르 접착제로 붙인 벽돌들을 집아딩기면 쉽게 떨어지곤 한다. 벽돌은 거의 항상 압력만 받는 건축물에 쓰일 수 있다. 높은 건축물의 무게를 지탱할 정도로 강하지도 않다(이제 보게 되겠지만, 강철과 콘크리트는 벽돌보다 훨씬 큰 압력을 견딘다). 그래서 고층 건물과 큰 다리에는 실용적이지 않다. 하지만 비용이 중요한 곳에서는 여전히 벽돌이 인기가 많다. 전 세계에서 매년 거의 1조 4000억 개의 벽돌이 만들어진다. 중국에서 8000억 개, 인도에서 1400억 개가 만들어진다. 비교를 위해 이야기하자면, 레고는 1년에 겨우 450억 개의 블록을 만든다.

땅에서 태어나 불의 세례를 받은 고대 건축물의 벽돌은 활용도가 넓었다. 이 벽돌들은 피라미드, 만리장성, 콜로세움, 중세의 말보르크 성, 피렌체 대성당, 심지어 집에도 쓰였다. 나는 기술 덕분에 빠르게 급변하는 오늘날의 세상이 좋다. 하지만 우리는 5000만 년 전부터 만들어진 재료로 제작되어 1만 년 이상 사용되어온 건축 도구를 계속 사용하고 있다.

빌트

5

금속

Metal

강철을 사용하기 전까지
철길도 초고층 건물도 없었다

2000 BC   100 AD   1311   1889   1928   2010

인도 델리에는 녹슬지 않는 철 기둥이 있다. 이 기둥은 독특한 이슬람 양식이 가득한 역사적 건물군인 쿠트브 단지(Qutb complex) 안에 있다. 아치 벽의 구석구석이 고리와 소용돌이무늬로 장식된 일투트미시(Iltutmish, 인도 이슬람 노예왕조 제3대 왕이며 최대의 군주-옮긴이)의 동굴 무덤과 우아하게 솟아 있는 인상적인 쿠트브 미나르(Qutb Minar)의 탑들(그리고 세계에서 가장 높은, 72.5미터의 벽돌 첨탑)은 말 그대로 숨이 막힐 정도로 근사하다. 그 안에서 짙은 회색 기둥(나무 기둥만큼 굵고 높이가 7미터다)을 처음 보았을 때에는 그리 인상적이지 않다. 이국적인 동물로 가득한 동물원에서 배회하는 고양이 같다고나 할까. 하지만 나에게는 깊은 인상을 남겼다.

이 기둥은 주변의 다른 건축물보다 먼저 만들어진 것이다. 서기 400년경에 굽타왕조에서 만들었다. 우주의 수호자로서 숭배받는 힌두교의 비슈누 신에게 바치는 탑이다. 원래는 가루다(비슈누의 군조軍鳥로, 반은 사람이고 반은 독수리다. 태양을 모두 가릴 정도로 크다고 한다)의 동상이 꼭대기에 있었다. 사람들은 이 기둥에 등을 대고는 팔로 기둥을 감아 손가락이 닿으면 행운이 온다고 믿었다. 하지만 지금은 기둥 주위에 울타리를 쳐놓았다. 나는 행운 같은 것에는 전혀 관심이 없었기에 기둥의 다른 특징에 관심이 갔다. 자연을 거스른 특징 말이다. 철이 1500년 이상이나 녹슬지 않고 있었다.

청동기의 원재료인 구리와 주석이 귀해지면서 철기 시대가 왔다. 철기 시대는 인도와 아나톨리아(지금의 터키)에서 기원전 1200년 전

인도 델리의 쿠트브 단지에 있는 녹슬지 않는 철기둥.

쯤에 시작된 것으로 알려져 있다. 인도 남부의 타밀나두주 가운데 있는 작은 마을인 코두마날의 유적을 연구한 고고학자들은 마을의 남쪽 끝에서 기원전 300년경에 만들어진 구덩이를 발견했다. 이 안에는 아직도 철 슬래그(금속을 녹인 뒤 남는 부산물)가 남아 있는 가마가 있었다. 인도 철(아리스토텔레스의 저작과 플리니우스의 《박물지》에

빌트

나온다)은 품질이 좋기로 유명했다. 이 철은 멀리 이집트에도 수출되어, 로마인들도 사용했다. 하지만 제조법은 철저하게 감춰져 있었다.

쿠트브의 철 기둥을 세우기 위해 고대 인도인들은 철로 원반을 만들었다. 그다음에 철 원반을 단조(달구면서 망치질하는 것)하고, 표면을 두드리고 갈아 매끈하게 만들었다. 이때 사용된 철은 특이할 정도로 순수했지만 딱 하나, 인의 함량이 보통의 철보다 높았다. 인의 함량이 높은 것은 추출 공정 때문이었다. 철에 인이 함유되면 녹스는 것이 방지된다. 녹은 철이 산소와 습기에 노출될 때 생긴다. 녹이 슬면 처음에는 금속이 부식된다. 하지만 델리의 건조한 기후 때문에 인이 철과 녹 사이에 얇은 막을 형성한다. 이런 막은 공기와 수분이 철과 반응하는 것을 막는다. 그 덕분에 철 기둥은 더 이상 녹슬지 않는다. 현대의 강철은 인 성분이 많지 않다. 인이 많은 강철은 고온에서 형태를 빚는, 고온 공정에서 쉽게 갈라지기 때문이다. 대신 현대에는 건물을 약화시키는 녹의 형성을 막기 위해 공기 중에 노출된 철이나 강철에 페인트가 칠해져 있다. 하지만 공조 설비가 갖추어진 건물의 강철 보와 기둥에는 방화를 위해서가 아니라면 페인트칠을 하지 않는다. 습기가 낮아 녹이 많이 슬지 않기 때문이다.

고대인들은 철의 신비를 알았고, 가정용 식기나 보석 또는 무기에 주로 사용했다. 그들이 추출한 철은 너무 물러서 건물에는 쓸 수 없었기 때문이다. 그들은 건물이나 다리를 통째로 철로 지으려면 어떻게 해야 하는지 몰랐다. 그럼에도 철로 건축물을 지은 희귀한 사례가 있다. 중국 승려 법현(法顯)이 쓴 《불국기(佛國記)》에는 델리에서 철 기둥이 만들어진 것과 비슷한 시기에 인도에 세워진 현수교가 등장한다. 쇠사슬로 지탱하는 현수교였다. 그리고 아테네 아크로폴리스로 들어가는 기념비적인 대리석 문인 프로필라이아(Propylaea, 기원전 432년경)에는 천장의 보를 강화하기 위한 철제 빗장이 있다. 고대의 엔지니어들이 어떻게 금속을 활용했는지를 보여주는 예다. 금속은 돌이나 벽돌 건축물의 강도를 높여주기 위해 작은 조각으로 사용되었다. 철(또는 사촌격인 강철)이 대형 건축물에 사용되기까지 과학자와 엔지니어들은 그 특성을 더 많이 알아야 했다.

*

벽돌과 모르타르는 잡아당기는 힘에 쉽게 갈라진다. 하지만 금속은 갈라지지 않는다. 금속은 분자 구조가 다르기 때문에 근본적인 특성도 다르다. 다이아몬드처럼, 금속은 결정 구조다. 하지만 화려한 발리우드 여배우의 옷에서 희미하게 반짝이는 금속들은 대체로 그렇지 않다. 금속 결정은 작다. 너무나 작아서 맨눈으로는 볼 수가 없다. 그리고 불투명하다.

이런 결정은 서로를 끌어당긴다. 그리고 이렇게 서로를 끌어당기는 경향이 결정을 행렬(매트릭스) 또는 격자(그리드) 형태로 결합시킨다. 하지만 금속을 가열하면, 결정은 점점 빨리 진동하다가 결국 결합이 깨진다. 이렇게 되면 금속을 얇게 펼 수도 있고, 아예 액체로 녹일 수도 있다. 결합의 유연성 때문에 금속은 잡아 늘려도 부서지지 않는 성질인 연성을 갖는다. 앞서 말한 고온 공정은 이런 특성을

빌트

유지해준다. 예를 들어 두께 100밀리미터의 두꺼운 강철판을 롤러로 밀어 두께 0.1밀리미터로 만들 수 있다(내가 만든 페이스트리는 항상 끊어지는데 말이다). 이런 얇은 강철판의 결정은 구조와 결합이 부드러워지고 모양이 달라지며 움직임도 자유로워진다.

금속 결합에 따른 또 다른 특성은 탄성이다. 금속에 힘을 가해 당기거나 누를 경우, (일정 범위 내에서) 금속은 힘이 제거되면 다시 원래의 형태로 돌아간다. 고무 밴드를 당겼다가 놓으면 원래 크기와 형태로 돌아가는 것과 비슷하다. 물론 너무 당기면 변형이 일어나지만. 이와 똑같은 일이 금속에서 일어난다.

금속의 결합, 연성, 탄성, 부드러운 성질이 합쳐져서 금속은 잘 깨지지 않게 된다. 그리고 이런 특성 덕분에 금속은 이상적인 건축 재료가 되었다. 금속은 장력에 강하다. 덕분에 금속은 우리의 건축 기술을 혁신해주었다. 이전까지 건축물은 주로 압력을 견디도록 설계됐다. 하지만 이제 처음으로 압력과 장력 모두를 아주 잘 견디내는 건축물을 만들 수 있게 됐다.

순수한 철은 장력에 강하다. 하지만 너무 물러서 거대한 건축물의 하중을 견디지 못한다. 철 결정 사이의 결합이 유동적이고 유연하기 때문이다. 덕분에 옛날 엔지니어들은 장식이 많은 기둥을 만들 수 있었다. 하지만 순수한 철은 크고 복잡한 건축물에 쓰일 만큼 강하지 않아 어떻게든 강화해야 했다. 철을 이룬 결정은 격자 구조로 배열돼 있다. 과학자와 엔지니어들은 이를 강화할 방법을 궁리하기 시작했다.

한 가지 방법은 격자에 원자를 추가하는 것이다. 이에 대한 간단한 (그리고 구미에 맞는) 설명은 다음과 같다. 식탁에 몰티저스(Malteser, 초콜릿 상표-옮긴이)를 잔뜩 올려놓고 손으로 비벼보자. 잘 비벼질 것이다. 하지만 여기 초콜릿을 입힌 건포도를 몇 개 넣으면 전처럼 쉽게 비벼지지 않을 것이다. 자, 이제 잔뜩 비벼둔 초콜릿은 먹어도 된다. 핵심만 기억하자. 중요한 것은 '불순물', 그러니까 건포도 때문에 몰티저스가 부드럽게 움직이지 못했다는 것이다. 비슷하게 탄소 원자가 강철에 들어가면 결정 속의 격자 구조를 방해한다.

이때 문제가 되는 것은 균형이다. 탄소 원자가 거의 없으면 철은 여전히 많이 무르다. 탄소가 너무 많아져서 격자가 지나치게 딱딱해지면 철은 너무 쉽게 부서지게 된다. 만약 이 과정이 정교하게 이루어지지 않는다고 해보자. 철은 자연적으로 불순물인 탄소를 지니고 있다(실리콘 같은 다른 원소도 지니고 있다). 대개는 너무 많이 지니고 있고, 양은 각기 다르다. 철의 품질도 제각각일 것이다. 과학자들은 철에서 탄소를 얼마나 제거해야 너무 무르지도 않고 너무 쉽게 부러지지도 않는 철을 만들 수 있을지를 알아내느라 어려움을 겪었다. 과학자들은 주철(잘 닳지 않아 조리 도구에 주로 쓰이는 철이지만 이탈리아 과자인 비스코티처럼 잘 부서져서 건축 재료로는 잘 쓰이지 않는다), 단철(더는 상업적으로 쓰이지 않는 철로서 내가 어린 시절 먹던 부드럽고 고급스러운 초콜릿칩 쿠키 같은 질감을 지니고 있다), 강철을 만들었다. 단철도 건축 재료로 나쁘지 않지만(에펠탑이 단철로 만들어졌다), 강철이야말로 강도와 연성 사이에서 이상적으로 타협한 재료라는 사실이 밝혀졌다. 강철의 탄소 함량은 0.2퍼센트에 불과하다. 원래 0.2퍼센트의 탄소만 남기는 기술은 대단히 비용이 많이 들었다. 그래서 강철을 저렴하게 대량으로 생산하는 방법을 개발하기 전까지는 건축의 세계에 별다른 영향을 미치지 못했다. 엔지니어인 헨리 베서머(Henry Bessemer)가 마침내 오래된 문제를 풀고 강철 제조 공정을 혁신했다. 그는 전 세계의 철길을 발전시켰으며, 인류에게 초고층 건물을 선사했다.

*

헨리 베서머의 아버지인 앤서니 베서머(Anthony Bessemer)는 인쇄기의 활자를 만드는 공장을 운영했다. 경쟁자가 공장의 비밀을 알지 못하도록 공장은 늘 자물쇠로 잠겨 있었다. 하지만 어린 헨리가 종종 공장에 들어와 비밀을 알아내려고 했다. 아들이 말을 듣지 않자, 앤서니는 그를 공장에서 훈련시켰다. 1828년 15세의 헨리는 학교를 그만두고 아버지와 함께 일을 하기 시작했다. 헨리는 일이 좋았다. 그는 금속 가공을 잘했고 그림에 천부적인 소질이 있었다. 그는 마침내 자신만의 발명을 시작했다.

크림전쟁(1853~1856년) 기간에 헨리 베서머의 관심은 프랑스와 영국이 러시아를 상대로 사용했던 총으로 옮겨갔다. 이런 총들의 주요 약점은 한 발을 쏘고 재장전해야 한다는 것이었다. 더 많은 화약을 실을 수 있도록 긴 포탄을 만들면 쓸모가 많을 듯했고, 헨리는 자신의 생각을 런던 북부 하이게이트의 집 정원에서 실험해보았다(이웃에게는 꽤 성가신 일이었을 것이다). 하지만 영국 군대는 헨리의 설계에 관심을 보이지 않았기 때문에 그는 프랑스 황제인 나폴레옹

금속

보나파르트와 그의 고위 장교들에게 새로 개발한 포탄을 보여주었다. 프랑스의 고위 장교들은 포탄에 관심을 가지면서도 화약이 추가되면 약한 주철로 만든 총이 폭발할 수 있다고 지적했다. 그들이 걱정한 대로, 포탄은 너무 컸다. 그러나 베서머는 그들과 생각이 달랐다. 문제는 총이지 포탄이 아니라는 것이었다. 그래서 그는 총을 개선할 방법을 찾기 시작했다.

그는 주조 방법을 개선하여 총에 사용되는 철의 품질을 높이기로 했다. 그는 직접 만든 용광로에서 공식적인 실험에 착수했다. 하지만 그를 유명하게 만든 발명은 거의 실수에서 탄생했다.

어느 날, 헨리 베서머는 작업장 안의 용광로에서 철 조각을 가열하고 있었다. 온도를 아무리 올려도 맨 위에 있는 조각들은 녹지 않았다. 낙담한 그는 용광로 꼭대기에 뜨거운 공기를 불어넣었다. 그리고 막대로 녹지 않은 조각을 찔러가며 녹았는지 확인했다. 놀랍게도 이 조각들은 주철처럼 잘 부서지지 않았다. 오히려 잘 무르고 쉽게 휘어졌다. 이 조각들이 뜨거운 공기와 가장 가까이에 있던 조각들이라는 사실을 알아차린 베서머는 공기 속의 산소가 철 속의 탄소 및 불순물과 반응해 대부분을 없앴음을 깨달았다.

그때까지 많은 사람들이 철의 순도를 높이기 위해 개방형 용광로에 석탄 등의 연료를 넣고 가열해왔다. 베서머는 더운 공기가 위로 순환하는 폐쇄형 용광로를 사용하기로 했다. 연료는 사용하지 않았다. 가스레인지 위에 뚜껑 없는 프라이팬을 올리고 가열하는 대신, 뚜껑 달린 프라이팬에 뜨거운 공기를 불어넣는 것과 비슷한 방식이었다. 가스를 태우면 열이 더 많이 발생할 듯하지만, 사실 뜨

MANUFACTURE OF STEEL : THE BESSEMER PROCESS.

강철을 경제적으로 생산하기 위해 개발된 베세머 공정은 건설 산업의 획기적인 발전을 이끌었다.

거운 공기가 오히려 열을 더 많이 발생시킨다.

화학반응이 시작되면 용광로 꼭대기에서부터 불꽃이 일어났기 때문에 베서머는 조심스럽게 관찰해야 했다. 이윽고 지옥을 연상시키는 풍경이 펼쳐졌다. 작은 폭발이 일고 녹은 금속이 주변에 튀더니 용광로에서 분출했다. 베서머는 용광로 근처의 스위치를 끄러 갈 수조차 없었다. 공포의 10분이 지나자 폭발이 멈췄다. 용광로 안에는 순수한 철만 남았다.

지옥 같은 풍경이 펼쳐졌던 것은 불순물이 산화되는 과정에서 주로 열의 형태로 에너지를 내는 화학반응인 발열반응(exothermic reaction)이 일어난 결과였다. 실리콘 불순물이 조용히 산화된 뒤에

금속

용광로 속을 흐르던 대기 중의 산소가 철 속의 탄소와 반응하여 많은 열을 냈다. 이 열이 석탄을 때는 용광로를 사용했을 때보다 철의 온도를 훨씬 올려주었다. 그래서 베서머는 추가적인 열을 발생시킬 필요가 없었다. 철이 더 뜨거울수록, 불순물이 더 많이 타오른다. 그러면 다시 철이 더 뜨겁게 가열되면서 더 많은 불순물이 타게 된다. 이러한 선순환이 순수한 용융철을 탄생시킨다.

이제 작업에 이용할 순수한 철을 얻었다. 베서머는 강철을 만들기 위해 정확한 양의 탄소를 추가하는 작업이 쉽다는 것을 알아냈다. 그전까지 강철 제조 공정에는 대단히 많은 비용이 들었기 때문에 식기, 간단한 도구, 용수철 정도를 만들 수 있을 뿐이었다. 베서머는 수많은 방해물을 단번에 걷어내버렸다.

그는 이 결과를 1856년 첼튼엄에서 열린 영국학술협회(British Association, 현재의 BSA, 즉 영국과학협회-옮긴이) 연례 총회에서 발표했다. 그의 공정은 엄청난 관심을 받았다. 그가 만든 강철은 다른 공정에 비해 비용이 6분의 1밖에 들지 않았기 때문이다. 베서머는 전 세계 공장들에 공정법을 판매하고 수만 파운드를 받았다. 하지만 화학을 잘 몰랐기 때문에 베서머는 거의 파국 직전에 이르렀다.

공장들은 베서머의 방법을 재현하려 했지만 실패했다. 이 공정을 사용하기 위해 상당액의 라이선스 비용을 지불했기 때문에 그들은 베서머를 고소했고 베서머는 돈을 모두 돌려주었다. 그는 자신의 벽돌 용광로에서는 완벽하게 작동하던 공정이 다른 용광로에서는 작동하지 않은 이유를 알아내기 위해 2년간 연구했고 마침내 원인을 알아냈다. 그가 사용한 철은 불순물 가운데 인의 함량이 적었던 반면 다른 공장들은 인 함량이 높은 철로 작업했던 것이다. 그래서 베서머는 용광로의 안쪽 표면을 바꿔가며 실험했고, 마침내 벽돌 대신 석회석을 사용하면 문제가 해결된다는 사실을 깨달았다.

하지만 그의 원래 공정이 실패했기 때문에 아무도 베서머를 믿지 않았다. 결국 그는 강철을 대량생산하기 위해 직접 공장을 열기로 했다. 의심이 사라지기까지 몇 해가 걸렸지만, 어쨌든 그는 산업에 쓰이기에 적절한 양의 강철을 제조하기 시작했다. 1870년까지 15개 회사가 20만 톤 이상의 강철을 매년 생산했다. 1898년 베서머가 죽을 때까지 전 세계에서 1200만 톤의 강철이 생산되었다.

품질 좋은 강철은 철길의 형태를 바꾸었다. 싸고 빠르게 철길을 만들 수 있었기 때문이다. 그러면서도 철로 만든 레일에 비해 10배나 오래갔다. 그 덕분에 열차는 더욱 크고 무겁고 빨라졌으며, 교통 사정은 훨씬 좋아졌다. 그리고 강철의 가격이 저렴해졌기에 다리와 건물에도 사용되었고, 이로 인해 마침내 다른 하늘이 열렸다.

*

베서머의 강철이 없었더라면 나는 노섬브리아 대학교 인도교를 설계할 수 없었을 것이다. 이 다리는 장력을 견뎌내는 강철의 특성 덕분에 허공에 매달려 있다. 이 다리는 사실 내가 학교를 졸업하고 처음 작업했던 건축물이다. 지금도 내가 맡은 첫 번째 일의 첫 번째 날이 생생히 기억난다. 런던의 챈서리래인으로 가는 만원 지하철에서 바쁘게 움직이는 정장 차림의 다른 직업인들 속에 휩쓸렸다. 흥분되고 걱정되는 동시에 약간의 어색함을 느끼며 나는 보도를 따라 목적지인 5층짜리 건물로 향했다.

내 상사인 존은 짧고 검은 머리에 무테 안경을 쓴 보통 키의 마른 남성이었다. 그는 열성적인 크리켓 팬이었고, 나는 인도에서 자랐음에도 그의 상대가 되지 못했다. 나와 존은 몇 가지 서류를 작성했다. 가끔 존이 내놓는 역설적이고 재미있는 관찰 덕분에 활기찬 작업이었다. 나는 그날이 내 22번째 생일이라는 사실을 밝히지 않았다. 존은 손으로 그린 인도교의 스케치를 보여주었다. 뉴캐슬에 강철로 지어질 예정이었다. 거기에는 다리의 동쪽 끝에서 세 쌍의 케이블을 지탱하는 높은 탑이 그려져 있었다. 세 쌍의 케이블은 다리 상판을 지탱하고 있었다. 탑이 다리 상판의 균형을 잡기 위해서는 추가 케이블이 탑 반대쪽에 있어야 한다. 존과 함께 앉아 내 앞에 놓인 그림을 봤다. 나는 속으로 춤까지 추었다. 내게는 이만한 생일 선물이 없었다. 나는 내 첫 번째 프로젝트가 이렇게 우아하고 인상적인 건축물이 되리라는 사실에 흥분했다. 이 다리의 사랑스러운 미학은 별도로 하더라도 내게는 이 다리가 더욱더 아름다워 보이는 미묘한 차이가 있었다.

이 다리는 '사장교(cable-stayed bridge)'다. 가장 유명한 사장교로는 프랑스의 미요 대교(Millau Viaduct)가 있다. 미요 대교의 완만하게 휘어진 상판은 일곱 개의 기둥에 매달려 있다. 이 일곱 개의 기둥에서 마치 돛 같은 모양으로 부채꼴의 케이블이 펼쳐져 있어서 미요 대교는 탄 계곡(Tarn valley)의 270미터 상공에 떠 있는 듯한 인상을 준다. 케이블에 매달린 다리에는 한 개 또는 여러 개의 높은 탑이 있어서 여기에 케이블이 연결돼 있다. 상판은 중력이 잡아당

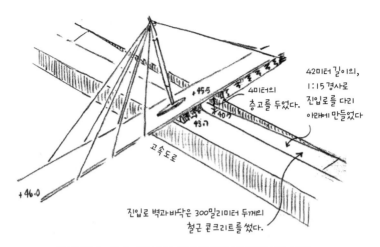

42미터 길이의, 1:15 경사로 진입로를 다리 아래에 만들었다

4미터의 층고를 두었다.

+45.5

+40.7

+3.7

고속도로

+46.0

진입로 벽과바닥은 300밀리미터 두께의 철근 콘크리트를 썼다.

존 파커(John Parker)가 그린 노섬브리아 대학교 인도교의 작업 스케치.

기는 방향대로 놓인 채 케이블에 매달려 있다. 그러다 보니 케이블은 늘 장력을 받는다. 장력은 케이블을 따라 흐른다. 탑은 압축력을 받고, 이 힘은 탑의 기초를 향해 아래로 흐른다. 기초는 힘을 땅으로 분산시킨다.

　신참 엔지니어로서 노섬브리아 대학교 인도교의 케이블(내 주먹만큼 굵었다)을 설계하는 일은 정말 어려웠다. 강철 상판을 금속 자에 비유해보자. 세 쌍의 고무줄은 케이블에 해당한다. 케이블을 정확한 정도로 당겨야 모든 케이블이 팽팽해지고 금속 자도 평평해진다. 한쪽 면의 고무줄 세 개를 너무 잡아당기면, 자는 옆으로 뒤집힌다. 가운데 한 쌍의 고무줄을 너무 당기면 자가 위로 들린다. 이제 똑같은 결과를 실제 다리를 대상으로 상상해보자.

　나는 컴퓨터 소프트웨어를 이용해 다리의 상판 아래에 놓이는

금속

강철 케이블이
콘크리트 데크를
지탱한다.

거대한
콘크리트
교각

우아한 사장교인 프랑스의 미요 대교.

보와 상판에서 기둥까지 연결된 케이블의 3차원 모형을 만들었다. 이어서 이 구조물의 중력을 시뮬레이션했다. 다리 위에 서 있을 수 많은 사람들의 무게도 고려해야 했다. 그들이 서로 다른 시간에 다 리의 다른 부분에 모이는 상황도 고려했다. 예를 들어, 그레이트 노 스 런(Great North Run, 매년 9월 영국 북동부에서 열리는 세계 최대 하프마 라톤 대회-옮긴이) 기간이 되면 선수들은 이 인도교 아래의 찻길을 달린다. 많은 사람들이 응원을 하기 위해 선수들이 접근해오는 다 리의 한쪽 끝에 서 있다가 다리의 반대쪽 끝으로 가서 선수들이 멀 어져가는 모습을 지켜본다. 나는 '패턴화된 하중'을 생각해야만 했 다. 나는 사람들이 다리 양쪽에 서로 다른 규모로 모인 상황을 모델 로 만들었다. 사람들이 어디에 서 있더라도 케이블은 상판을 지탱하기 위해 팽팽한 상태를 유지해야 했다. 만약 케이블이 장력을 받지 못하면 상판은 지탱되지 못한다. 이런 일이 일어나지 않도록 나는 케이블에 추가적인 장력을 더했다.

잭(jack)이라는 도구를 이용해도 케이블을 팽팽하게 만들 수 있다. 잭은 양쪽 끝에 꽉 조이는 걸쇠가 있는 튜브로, 모든 케이블에는 최소한 한곳 이상 끊어진 곳이 있고 여기 잭이 설치돼 있다. 걸쇠가 끊어진 케이블의 양쪽 끝을 잡아준다. 잭은 (케이블을 팽팽하게 하기 위해) 걸쇠가 잡은 케이블의 양끝을 가깝게 조정할 수도 있고, 반대로 (케이블을 느슨하게 하기 위해) 서로 떨어뜨릴 수도 있다. 잭은 이런 방법으로 케이블에 작용하는 힘의 양을 바꾼다. 내가 설계한 인도교의 탑에서 부채꼴 모양으로 뻗어 나온 케이블을 자세히 살펴보면, 연결 장치가 보일 것이다. 케이블이 다른 곳보다 약간 굵어보이는 곳이다. 이곳이 잭이 잠깐 연결됐던 지점이다. 앞에 언급했던 고무줄 케이블의 예에서 고무줄을 짧은 것으로 바꾸고 이전의 고무줄과 같은 길이가 될 때까지 잡아늘린 것과 비슷하다. 이렇게 잡아당긴 고무줄은 당기는 힘, 즉 장력을 더 많이 받는다.

사장교의 핵심은 균형이다. 얇은 카드를 상판 삼아 고무줄로 매단다고 생각해보자. 카드는 쉽게 매달릴 것이다. 얇은 카드 대신에 책을 매단다면? 고무줄을 팽팽하게 잡아당기는 동시에 책의 모양은 변하지 않게 해야 한다. 일단 책의 단단함과 무게, 케이블의 장력이 모두 조정된 뒤에야 케이블에 어떤 힘이 작용하는지 이해할 수 있다. 노섬브리아대 인도교를 설계할 때, 나는 각각의 케이블이 느슨해지지 않으려면 각각의 케이블이 얼마나 당겨져야 하는지를

금속

계산했다.

엔지니어의 일이란 접시 돌리기와 꽤 비슷하다. 많은 문제들에 대비해 계획을 세워야 하고, 문제를 즉시 통제해야 한다. 온도를 예로 들어보자. 모든 건축물과 마찬가지로, 내가 설계한 다리도 온도의 영향을 받는다. 연중 온도가 변하면서(계절에 따라 달라진다) 가열되거나 식혀진다. 강철은 '열팽창계수'가 12×10^{-6}이다. 온도가 1도 변할 때마다 1밀리미터 실이의 재료가 0.000012밀리미터씩 팽창하거나 수축한다는 뜻이다. 아주 작은 값으로 보이지만, 내가 설계한 다리는 길이가 거의 40미터였고 40도의 온도 차이를 견디도록 설계됐다. 상식적인 사람이라면 이렇게 반문할 것이다. 영국의 여름 기온이 겨울 기온보다 40도나 높지는 않다고. 맞는 말이다. 하지만 강철 자체는 태양열을 흡수해 대기보다 훨씬 뜨겁게 달궈질 수 있다. 우리 건축가들은 대기가 아니라 강철이 경험하는 온도 범위를 가장 극단적인(하지만 충분히 가능한) 기상 상황 하에서 고려한다.

내가 설계한 다리는 거의 20밀리미터쯤 팽창한다. 내가 다리의 끝을 고정시켜서 다리의 팽창이나 수축을 멈추게 한다면, 따뜻할 때는 강한 압축력이 강철 상판 내부에 쌓이고 추울 때는 거대한 장력이 축적될 것이다. 문제는 이런 팽창과 수축이 다리가 존재하는 동안 수천 번씩 일어난다는 사실이다. 끊임없이 잡아당기고 밀어대는 움직임이 강철 상판뿐만 아니라 강철 상판을 지탱하는 기둥의 끝부분까지 손상시킨다.

나는 이를 막기 위해 다리의 한쪽 끝은 움직이게 내버려두었다. (더 큰 다리에서 또는 교각이 더 많은 다리에서 여러 곳에 신축이음movement joint을 만들어줄 수 있다. 그러면 다리를 지날 때 차가 '퉁' 하고 튀는 느낌을 느낄 수 있다.) 이 다리의 움직임은 상대적으로 작기 때문에 나는 '고무 베어링'을 사용해 움직임을 흡수했다. 상판을 구성하는 강철 보가 이런 베어링 위에 놓여 있었다. 베어링은 넓이가 약 400밀리미터에 길이는 약 300밀리미터이고 두께는 60밀리미터다. 강철이 팽창하거나 수축하면 베어링이 구부러지고 다리가 움직인다.

나는 진동과 공진에 대해서도 고민해야 했다. 이미 지진이 어떻게 건물을 공진시키는지 알아보았다. 오페라 가수의 음정이 맞으면 와인 잔이 깨지는 것과 같은 식이다. 내가 설계한 인도교에서 다리를 건너는 사람이 공진 때문에 불편한 느낌을 받을까 봐 걱정이었다. 무거운 콘크리트 다리는 보통 이런 문제로 골치를 썩지 않는다. 자체의 무게 때문에 쉽게 진동하지 못하기 때문이다. 하지만 강철 상판은 가벼웠고 고유진동수는 보행자의 주파수와 비슷했다. 공진할 위험이 있다는 뜻이었다. 이 때문에 우리 팀은 상판 아래쪽에 강한 용수철을 넣은 동조질량감쇠장치를 연결했다. 동조질량감쇠장치는 타이베이 타워에 있던 거대한 추와 비슷한 방식으로 작동한다. 흔들림을 흡수해서 상판이 너무 많이 진동하지 못하게 한다. 다리 아래 길에서(이를테면 그레이트 노스 런 도중 다리를 뻗으면서) 상판 아래를 주의 깊게 보지 않는 이상 이 동조질량감쇠장치가 눈에 띄지 않을 것이다. 다리 아래에서 보면, 밝은 파란색으로 칠해진 세 개의 강철 상자 같은 것이 보 사이에 감춰져 있다.

내가 설계한 다리가 설계상 안정적이라는 사실을 확신한 뒤에는 다리를 정확히 짓는 일에 몰두해야 했다. 완성된 형태로 뉴캐슬까

금속

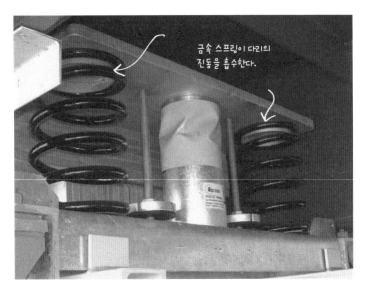

금속 스프링이 다리의 진동을 흡수한다.

동조질량감쇠장치의 일종으로, 노섬브리아 대학교 인도교에 쓰인 것과 비슷하다.

지 운반하기에는 너무 컸기 때문에 나는 달링턴에 있는 강철 공장에 갔다. 용접 불꽃이 쏟아지는 가운데 나는 공장 측과 몇 가지 의견을 나눴다. 우리는 화물차에 실릴 정도의 부품 상태로 다리를 현장에 가져가야 했다. 그래서 여러 곳에서 강철을 자르는 광경을 지켜봤다. 이 조각들을 어떻게 설치하고, 케이블에 연결하기 전까지 어떻게 안전하게 지탱할지를 확인하면서 말이다. 조각을 구성하는 각각의 부분을 설치하는 동안 무너지지 않게 지지해줘야 하는 것이다.

또한 사람들의 혼란을 최소화할 방법도 고민해야 했다. 이 다리는 고속도로 위를 가로지르므로, 우리는 다리를 네 조각으로 나눠서 현장에 가져가는 것이 좋겠다고 결론 내렸다. 그 뒤에 네 부분을 서로 연결하고 조립한 다음 크레인으로 제자리에 끌어올리는 것이다. 이 작업을 위해 어마어마하게 거대한 크레인 한 대도 예약해두었다.

수개월간의 설계 끝에 나는 다리를 매달지 않고도 끌어올릴 수 있다고 확신하게 되었다. 공휴일이 시작되는 날, 우선 크레인 자체가 분해된 채로 현장에 도착했다. 도로를 막은 다음 수많은 강철 전문가들이 크레인을 조립하기 시작했다. 한편 네 부분의 강철을 달링턴에서 현장 인근의 주차장으로 옮겼다. 그곳에서 네 부분을 마치 직소 퍼즐처럼 서로 조립해 하나의 상판으로 완성했다.

내 계획은 상판을 들어올린 다음 케이블을 연결하는 것이었다. 나는 세 쌍의 케이블이 상판 자체의 무게와 보행자의 무게를 견디도록 설계했다. 이 말은 케이블이 제자리에 연결되기 전에는 뭔가 다른 방법으로 그 지점을 지탱해주어야 한다는 뜻이다. 그래서 나는 상판의 가운데 한 지점만 지지해도 견딜 수 있는지를 계산했다 (이 경우에는 보행자가 없기 때문에 하중 자체는 좀 더 작다). 우리는 고속도로의 중앙분리대에 임시로 강철 기둥을 세웠다.

크레인이 작동하기 시작했다. 상판이 주차장에서 들어올려지더니 건설 현장으로 내려왔다. 끝부분은 영구적인 콘크리트 지지대가 지탱하고 있었고, 가운데는 임시적인 강철 기둥이 지탱하고 있었다. 상판이 크레인에서 분리됐고, 고속도로는 다시 개통됐다. 이 복잡한 작업에 단 3일이 걸렸다.

이어진 두어 주일 동안은 다리의 나머지 부분을 조립했다. 크레인으로 첨탑을 제자리에 세우고는 콘크리트 기초에 볼트로 고정했다. 그러고는 다리의 한쪽 끝에서부터 주요 케이블을 쌍으로 연결하기 시작했다. 새로운 케이블을 연결할 때마다 잭을 이용해 장력을 조절했다. 케이블을 모두 설치하고 장력까지 모두 조절한 뒤에 길을 다시 막고 임시로 설치했던 강철 기둥을 제거했다. 다리가 완성됐다.

나는 일찍 일어나는 것을 별로 내키지 않게 생각하지만, 내중에 공개될 다리를 보기 위해 뉴캐슬로 가는 날에는 새벽 5시에 눈이 떠졌다. 작은 첫 걸음이었지만, 내게는 커다란 도약으로 느껴졌다. 나는 몇 번이나 다리 위를 서성였다. 그리고 껑충껑충 뛰었다. 겨우 두어 달 전에 힘들게 설계하던 때를 떠올리게 하는 단단한 강철 보, 팽팽한 케이블, 고무 베어링, 잘 조율된 동조질량감쇠장치. 나 말고는 아무도 알아보지 못할 디테일들이 나를 행복하게 했다.

다리 끝에는 벤치가 있었다. 나는 잠시 동안 거기 앉아 학생들이 다리를 건너 강의를 들으러 가는 모습을 지켜봤다. 그중 누구도 내가 세상에 내놓은 첫 번째 건축물이 내게 남긴 기쁨을 모를 것이었다.

6

바위

Rock

콘크리트는 어떻게 전 세계를
평정한 재료가 되었을까?

나는 콘크리트를 쓰다듬는 습관이 있다. 다른 사람들은 새끼 고양이를 툭툭 건드리거나 박물관의 전시물을 만지고 싶다는, 거부하기 힘든 충동을 느낀다. 하지만 나는 콘크리트를 보면 그렇게 느낀다. 표면이 부드러운지, 황량한 회색인지, 돌이 조금 보이는지, 의도적으로 거친 질감을 남겨두었는지는 중요하지 않다. 나는 어떤 질감인지, 얼마나 차갑거나 따뜻한지를 알아야 한다. 그러니 내가 로마를 방문했을 때, 손이 닿지 않는 머리 위에서 고대 콘크리트를 보고는 어떤 기분을 느꼈을지 독자 여러분도 짐작하실 것이다.

로마 로톤다 광장은 내가 가장 좋아하는 건축물 가운데 하나다. 서기 122년 하드리아누스 황제가 지었다(그가 잉글랜드와 스코틀랜드를 분리하기 위해 성벽을 지은 때와 대략 같은 시대다). 겉모습이 로마의 신을 섬기는 신전과 기독교 교회 그리고 공동묘지 등으로 다양하게 바뀌는 동안에도 이곳은 튼튼하게 서 있었다. 야만인들이 일부를 없앴을 때도, 교황 우르반 8세가 대포를 만들기 위해 천장의 틀을 녹였을 때도 말이다. 16개의 코린트식 기둥으로 구성된 주랑과 이 주랑에 떠받쳐진 삼각형의 박공지붕이 입구에서부터 우리를 반긴다. 안으로 들어서면 로톤다(원형 건물) 천장 한가운데 구멍(라틴어로 눈을 의미하는 '오쿨루스oculus'라고 불린다)이 뚫린 돔이 올라가 있어서 다른 세계에서 내려온 듯한 빛이 비친다. 분위기가 있고 비례가 아름다운 건축물이다. 아름다운 천장을 올려다보느라 사람들과 이리저리 부딪히며 건물 안을 돌아다니는 동안 나는 수직 높이에 압도

바위

오쿨루스

콘크리트 돔

장식을 한 기둥

이탈리아 로마 판테온의 거대한 콘크리트 돔과 '오쿨루스'.

됐다. 심지어 지금도 이 건물은 철근을 사용하지 않은, 세계에서 가장 거대한 콘크리트 건축물이다. 로마인들은 기술을 극도로 발전시켜서 공학의 걸작을 창조해냈다. 이때 그들은 '오푸스 카에멘티시움(opus caementicium)'이라고 불리는 혁명적 재료를 사용했다.

내게 콘크리트가 특별한 이유는 형태를 맘껏 결정할 수 있기 때문이다. 콘크리트는 무엇이든 될 수 있다. 암석에서 시작된 콘크리트는 어떤 모양의 틀에도 부을 수 있는 찰진 회색 액체가 된다. 화학 변화가 일어나는 동안 액체는 다시 바위가 된다. 최종 산물은 원형 기둥도, 사각형 보도, 사다리꼴의 기초도 될 수 있다. 얇고 굴곡진 지붕이나 거대한 돔이 될 수도 있다. 콘크리트의 놀라운 유연함 덕분에 어떤 모양이든 만들 수 있다. 콘크리트는 강성이 뛰어나고 아주 오랫동안 유지되기 때문에 지구에서 물 다음으로 많이 사용된 재료가 됐다.

대개 어떤 종류의 암석이든 가루로 만들어 물과 섞으면 별로 흥미롭지 못한 질척거리는 물질이 된다. 두 개로 쪼개진 물체를 이어 붙여봤자 결합하지도 않는다. 하지만 특정한 암석을 아주 높은 온도로 가열하면 이상한 일이 벌어진다. 예를 들어 석회석과 점토의 혼합물을 노에 넣고 섭씨 1450도로 가열하면, 석회석과 점토가 녹지 않고 작은 덩어리로 융합된다. 이 덩어리들을 아주 곱게 갈면 이 뛰어난 재료의 첫 번째 성분을 얻을 수 있다.

바로 시멘트다. 진회색의 시멘트는 겉보기에는 특별한 것이 없다. 하지만 아주 높은 온도로 가열했기 때문에 원재료들에 화학적 변화가 일어났다. 만약 이 가루에 물을 붓는다면 질척거리는 물질이 되는 대신 수화(hydration)라는 반응이 시작된다. 물이 석회석과 점토 속의 칼슘과 규산 분자와 반응해 결정을 닮은 막대나 섬유를 형성하는 것이다. 이런 섬유 덕분에 젤리 같은 격자 구조가 만들어 진다. 이 구조는 부드럽지만 안정적이다. 반응이 계속됨에 따라 섬유가 자라 서로 연결된다. 격자 구조는 점점 두꺼워지다가 마침내 굳는다.

그러니까 '물+시멘트 가루=시멘트 반죽'이다. 시멘트 반죽은 돌처럼 단단하게 굳지만 단점도 있다. 우선 생산비가 많이 든다. 제조 과정에 에너지도 많이 필요하다. 가장 중요한 사실은, 수화 과정에서 열이 많이 방출된다는 사실이다. 화학반응이 끝나고 나면, 시멘트가 식으면서 수축한다. 그리고 금이 간다.

다행히 과학자들은 시멘트 반죽이 다른 암석에 단단하게 결합한다는 사실을 알아냈다. 그리고 '혼합재'(크기가 제각각인 작고 불규칙적인 돌과 모래)를 혼합물에 섞기 시작했다. 혼합재는 필요한 시멘트 가루의 양을 줄여줄 뿐만 아니라(방출되는 열의 양도 줄어든다) 에너지 소모량과 비용도 줄여준다. 시멘트 반죽은 동일한 화학반응을 통해 이번에는 다른 섬유 및 혼합재와 결합하는 섬유를 형성한다. 전체가 굳으면 우리에게 친숙한 콘크리트가 된다. 그러니까 '물+시멘트 가루+혼합재=콘크리트'다.

좋은 콘크리트를 만들려면 혼합의 비율이 맞아야 한다. 물이 너무 많으면 콘크리트는 약해질 것이다. 물이 너무 적어도 역시 콘크리트가 약해진다. 가장 좋은 결과를 얻기 위해서는 모든 물이 모든 시멘트 가루와 결합해야 한다. 또 섞는 과정도 맞아야 한다. 제대로 저어주지 않으면 콘크리트는 약해진다. 상대적으로 크고 무거운 돌은 바닥에 가라앉고 고운 모래와 시멘트 반죽은 위에 남는다. 이 때문에 콘크리트가 불균질해지고 약해진다. 콘크리트믹서트럭이 커다란 회전 통을 달고 있는 것도 이 때문이다. 반죽이 끊임없이 출렁거리면서 혼합재는 전체적으로 고르게 분포하게 된다.

고대의 공학자들에게는 이런 트럭이 없었다. 하지만 그들이 사용하던 콘크리트 공식은 오늘날 우리가 사용하는 것과 아주 비슷하다. 그들도 석회석을 가열하고 가루로 부순 뒤에 물을 넣어 돌과 벽돌, 부서진 타일을 붙일 반죽을 만들었다. 하지만 고대 공학자가 만든 반죽은 오늘날의 콘크리트 반죽보다 훨씬 덩어리지고 두꺼웠다. 이후 로마인들은 더 좋은 콘크리트를 발견했다. 베수비오산 근처에는 로마인들이 포졸라나(pozzolana)라고 부르던 재가 있었다. 로마인들은 가열한 석회석을 시멘트에 사용하는 대신, 포졸라나를 사용해보기로 했다. 석회석과 자갈, 물과 포졸라나를 섞은 콘크리트는 기대했던 것처럼 단단했다. 이 반죽은 물속에서도 단단했다. 포졸라나는 화학반응에 대기 중의 이산화탄소가 필요하지 않았기 때문이다. 포졸라나를 이용한 콘크리트 반죽은 이산화탄소 없이도 단단했다.

처음에 로마인들은 자신들이 만든 이 재료의 놀라운 가능성을 알아보지 못하고 작은 건축물에만 시험 삼아 사용했다. 그들은 이 재료를 집이나 기념 조형물 등의 벽에 이용했다. 벽돌층 사이에 발라주는 식이었다. 로마인들은 이 콘크리트가 두어 해 뒤에도 석고처럼 부서지거나 갈라지지 않는다는 것을 어떻게 알았을까. 결국 몇 해가 지나고 나서 로마인들은 놀랍도록 회복력이 좋은 이 재료가 석고와는 전혀 다르다는 사실을 깨달았고, 이후 콘크리트는 널리 이용되는 재료가 됐다. 그리고 물속에서도 굳기 때문에 로마인들은 강에 다리를 세울 때도 이 콘크리트로 기초를 만들었다. 덕분에 그들은 넓은 물길도 건널 수 있게 되었다.

로마인들은 건축물에 아치를 자주 썼는데, 콘크리트는 아치를 만들기에 좋은 재료다. 우선 아주 강하다. 점토로 구운 벽돌은 코끼리 다섯 마리의 무게를 견딘다. 비교적 약한 콘크리트로 비슷한 벽돌을 만들면 15마리의 무게를 견딘다. 사실 가장 강한 콘크리트 반죽으로 만든 벽돌은 코끼리 80마리까지 견딜 수 있다. 이 힘은 반죽을 정확한 비율로 섞어야 발휘된다. 벽돌이나, 벽돌보다 약한 모르

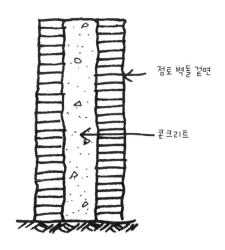

점토 벽돌 겉면

콘크리트

로마의 콘크리트 샌드위치. 로마 건축물에서 콘크리트 벽의 양면은 벽돌 층으로 포장돼 있었다.

타르와 달리 콘크리트는 이음매 없이 (커다란 하나의 덩어리로) 만들어지기 때문에 약한 연결 부위가 없다. 압축력이 충분히 강하다면 콘크리트 역시 깨지고 부스러지겠지만, 그렇게 되기까지 많은 하중 (코끼리 꽤 여러 마리)이 가해져야 한다.

하지만 콘크리트는 까다로운 재료다. 수천 년간 기초나 벽체로서 압축력을 받는 방향으로 사용돼 왔지만, 끌어당기는 힘에는 취약하다. 장력에 대한 저항성은 최소한에 머무른다. 실제로 실험해보면, 콘크리트는 자신이 견뎌낸 압축력의 수십 분의 1에 불과한 장력에도 갈라진다. 이것이 내가 판테온에 깊이 감동하는 또 다른 이유다. 로마인들은 콘크리트가 어떻게 기능하는지, 돔이 어떤 원리인지를 정말 잘 이해하고 있었다. 그래서 콘크리트가 판테온을 짓기에 이상적인 재료가 아님에도 이를 이용했다. 그것도 아주 훌륭하게.

빌트

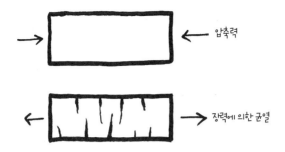

까다로운 재료인 콘크리트는 압력을 더 잘 견딘다. 반면 장력에는 쉽게 갈라진다.

콘크리트로 돔을 만들기 어려운 이유를 이해하기 위해 아치를 만드는 일부터 생각해보자. 우선 길고 얇은 직사각형 카드를 구부린 다음 테이블 위에 놓는다고 해보자. 카드 스스로는 휘어진 상태를 유지하지 못한다. 카드의 아치 형태를 유지하기 위해 두 개의 지우개를 휘어진 카드의 양끝에 놓는다. 지우개로 지탱해두기 전에는 카드 아치의 끝부분에서 바깥으로 미는 힘이 작용하여 아치 형태가 유지되지 않았다. 하지만 지우개로 지탱해두면 지우개와 테이블 사이의 마찰력이 아치의 끝부분에서 나오는 미는 힘에 맞선다. 이것이 뉴턴의 운동 제3법칙이다. 모든 작용에는 크기는 같고 방향은 반대인 반작용이 있다. 아치의 끝부분은 미는 '작용'을 지지부에 가한다. 그러면 지지부는 이에 대항하는 '반작용'을 통해 안정을 유지한다.

돔은 아치와 비슷하지만 3차원이다. 3차원에서는 복잡성이라는 특성이 더해진다. 한 장의 카드를 구부리는 대신 여러 장의 카드를 차곡차곡 쌓은 다음 가운데에 핀을 꽂아보자. 그러고는 카드들의

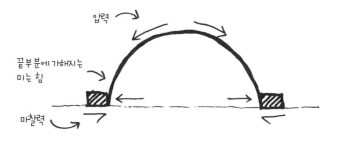

압력

끝부분에 가해지는
미는 힘

마찰력

아치 주변에 흐르는 힘과 이로 인해 끝부분에 가해지는 힘.

양쪽 끝을 아래로 구부려서 아치를 만든다. 이제 카드들을 360도로 펼쳐서(카드들이 지구의 경도처럼 선을 형성하게 한다) 반구 또는 돔의 형태를 만든다. 이 돔은 우리가 처음 만들었던, 끝을 고정시키지 않은 아치보다 불안정하다. 반구 모양을 스스로 유지하지 못하기 때문이다. 형태를 유지하게 하려면 테이블 위에 지우개를 둥글게 배치해서 각각의 카드 끝부분을 고정시켜야 한다. 지우개 대신 고무줄로 돔을 유지시킬 수도 있다.

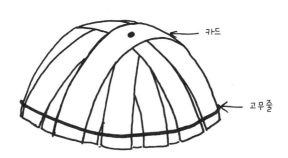

카드

고무줄

충분히 '묶인다면' 돔 주변에 흐르는 힘은 카드의 끝부분을 밖으로 밀어내지 않는다.

빌트

이 말은 돔을 지탱하는 지지대는 (아치와 달리) 수평 방향으로 미는 힘을 느끼지 못한다는 뜻이다. 하지만 고무줄은 장력을 받는 상태다. 고무줄은 당겨진 채로 카드의 밀어내는 힘에 저항한다. 그래서 각각의 카드는 '경도 방향'을 따라 압력을 받지만 '위도 방향'으로는 카드를 붙잡아둘 장력이 필요해진다.

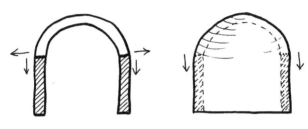

벽이 지탱하는 힘
아치 : 수평 힘+수직 힘(왼쪽)
돔 : 수직 힘(오른쪽)

아치와 돔에서 힘이 흘러가는 방향

광장에서는 판테온이 납작해 보인다. 하지만 사실 그 내부는 거의 완벽한 반구 모양이다. 바깥에서 보기에 납작한 것은 기초부가 꼭대기 부위에 비해 훨씬 두껍기 때문이다. 돔의 꼭대기 부위의 두께는 1.2미터밖에 되지 않는다. 하지만 기초 부위로 내려올수록 두께는 점점 늘어나다가 가장 아래에서는 6미터가 넘는다. 기초 부위로 내려올수록 점점 두꺼워진다는 것은 이 돔이 더욱 높은 장력에 저항할 수 있다는 뜻이다. 재료가 많으면 더 잘 버틴다.

하지만 로마인들은 더욱 멀리 나아갔다. 일곱 단계의 계단형 동

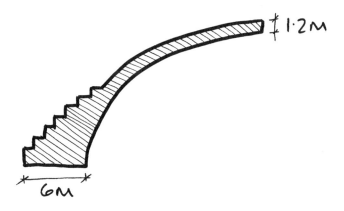

점점 두꺼워지는 계단형의 고리 구조가 판테온 돔의 기초 부위를 둘러싸서 강화해준다.

심원을 사용하여 안정성을 더욱 높였다(판테온 바깥에서 볼 수 있다. 오 쿨루스의 조금 아래쪽에 위치하고 있는데, 위에서 내려다봐야 한다). 이런 동 심원은 앞서 예로 들었던 고무줄처럼 기능하여 일부 장력에 저항 하고 돔을 안정화시킨다. 이런 독창적인 설계 덕분에 로마인들은 콘크리트가 장력에 강한 재료가 아님에도 제대로 기능하는 건축물 을 완성했다.

　두꺼운 콘크리트가 장력을 견디게 하려다 보면 새로운 문제가 발생한다. 돔이 무거울수록 시멘트 양이 늘어난다. 이 말은 열을 더 많이 내고, 당연히 열이 식을 때는 더 많이 수축된다는 뜻이다. 콘 크리트는 수축되는 동안 양쪽에서 당기는 힘을 받고, 결국 이런 장 력을 견디지 못해 갈라져버린다. 로마인들은 판테온 돔의 기초부가 심하게 갈라질 것을 우려했다. 독창적인 미학을 완성해주는, 돔 내 부의 모든 곳에 붙어 있는 사각형들이 콘크리트가 더 빨리, 더 균일하게 식게 함으로써 갈라짐을 최소화해준 것으로 추정된다. 그럼에도 판테온을 연구하는 엔지니어들은 돔의 기초부에서 균열을 발견했다(건축 당시 발생한 것이다). 하지만 이런 균열도 이 고대 건축물의 완성도를 떨어뜨리지 않았다.

이 건물을 처음 방문했을 때 나는 10대였다. 당시에는 이 건축물이 아름답고 평화로운 느낌을 주어 마음에 들었다. 두 번째로 갔을 때는 엔지니어로서 애정을 갖고 표면에 생긴 우묵한 흔적을 바라보았다. 또 기초부에 있는 미세한 균열을 찾았다. 그리고 오랫동안 건물 꼭대기의 오쿨루스를 통해 들어오는 한 줄기 빛을 바라봤다. 나는 돔의 규모와 단순한 외관에 놀라면서도 그렇게 오래전에 이런 건축물을 짓기 위해 얼마나 복잡한 일들을 해내야 했을까 생각했다. 우리가 오늘날 설계하고 짓는 건축물들이 판테온처럼 훌륭한 상태로 2000년 뒤에까지 남아 있을까? 나는 가끔 궁금해한다. 하지만 그러기는 쉽지 않을 듯하다.

*

5세기 로마제국의 붕괴 이후, 암흑 시대 또는 '부서지기 쉬운 시대'(Crumbly Ages, 내가 선호하는 명칭이다)가 시작됐다. 로마의 콘크리트 제조법은 1000년 가까이 잊혔다. 우리는 원시적인 삶의 방법으로 되돌아갔고 콘크리트는 1300년대에야 다시 등장했다. 이때에도 엔지니어들은 콘크리트가 장력에 쉽게 갈라진다는 근본적인 문제를 해결하기 위해 고군분투했다. 콘크리트의 진짜 마법이 발견된 것은 몇 세기 뒤였다. 가장 가능성이 없어 보였던 주인공이 가장 기대하지 않았던 장소에서 문제를 풀었다.

1860년대 프랑스 정원사 조제프 모니에르(Joseph Monier)는 자신이 만든 점토 도자기 화분이 자꾸 갈라지는 것에 신물을 느끼고 있었다. 그는 콘크리트로 화분을 만들어보기로 했다. 하지만 콘크리트 도자기 역시 갈라지긴 매한가지였다. 그는 콘크리트 안에 뼈대가 될 만한 금속 선을 넣어보았다. 이 실험은 두 가지 이유로 실패했다. 첫 번째 이유는 콘크리트가 금속 상화물에 잘 달라붙지 않아서였다(잘 붙으리라고 생각할 이유가 없었다). 오히려 금속이 화분의 약점이 되기 일쑤였다. 두 번째 이유는 계절이 바뀔 때마다 금속과 콘크리트가 다른 비율로 수축과 팽창을 하며 오히려 더 많은 균열을 만들어내서였다. 부지불식간에 모니에르는 거의 금이 가지 않고 견고하게 유지되는 혁명적인 화분을 만들어냈다. 금속 가운데 철을 택한 것이었다.

대부분의 금속과 마찬가지로, 철은 (독자들도 이미 보았듯이) 탄성과 유연성이 있다. 그리고 장력에 강하기에 잡아당겨도 부서지지 않는다. 금속은 벽돌이나 콘크리트처럼 부스러지지 않는다. 그러므로 모니에르는 콘크리트(장력에 부서진다)와 철(장력을 흡수한다)을 합침으로써 재료의 완벽한 결합을 이루어낼 수 있었다. 사실 고대 모로코에서도 이런 원리를 활용했었다. 모로코의 베르베르족은 도시의 벽을 짚이 섞인 진흙으로 세웠다. 어도비(adobe)라 불리는 이런 혼합물을 이집트인, 바빌로니아인, 아메리카 원주민들도 사용했다. 짚은 콘크리트 속의 금속과 비슷한 역할을 한다. 진흙과 석고를 한데 결합시켜주고 심한 균열을 막아준다. 짚은 장력에 저항할 수 있기 때문이다. 내가 사는 빅토리아 시대의 아파트도 같은 이유로 벽의 석고에 말의 털이 섞여 있다.

1867년 파리 엑스포에서 모니에르는 자신이 개발한 새 재료를 선보였다. 이후 범위를 넓혀 파이프와 보에까지 응용했다. 독일 출신의 토목공학자인 구스타프 아돌프 바이스(Gustav Adolf Wayss)가 건물 전체를 이 재료로 지어보기로 했다. 1879년 그는 모니에르의 특허 사용권을 사고는 콘크리트를 건축 재료로 사용하기 위한 연구를 시작했다. 마침내 그는 철근 콘크리트 공법을 채택한 선구적인 건물을 지었고 이 공법은 유럽 전역에 널리 퍼졌다.

오늘날 강철(베서머 공법이 알려진 뒤 철을 대체했다)과 콘크리트의 결합은 너무나 당연해 보여서 둘이 항상 함께 쓰인 것은 아니라는 사실이 내겐 이해되지 않을 정도다. 내가 설계한 모든 콘크리트 구조물에도 항상 철근이 쓰인다. 철근은 겉에 무늬가 있는 기다란 막대로, 지름은 8~40밀리미터이며 다른 모양으로 쉽게 휜다. 덕분에 여러 개의 철근을 격자나 그물 모양으로 엮은 다음 콘크리트를 가둘 수 있다. 계산을 통해 콘크리트의 어느 부위가 장력을 받고 어느 부위가

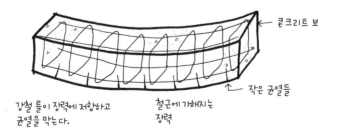

건축 재료의 완벽한 결합. 강철 틀은 콘크리트를 강화해서 장력에 저항하고 균열을 막아준다.

바위

압력을 받는지 알 수 있다. 나는 그 결과에 따라 철근을 배치한다.

건물의 발주처에서는 내 설계도를 받아 치수를 정하고 프로젝트에 쓰일 철근의 형태를 결정하며 무게를 계산한다. 이런 일정이 공장에 전달되고 두어 주일 뒤에 진짜 철근이 나오면 형태를 만들고 주위에 콘크리트를 친다.

콘크리트 반죽 안에서 화학반응이 일어나는 동안 철과 콘크리트는 강한 결합을 형성한다. 시멘트 반죽이 집합체에 강하게 결합하듯이, 콘크리트도 철에 잘 결합한다. 일단 섞이고 나면, 철과 콘크리트를 분리하기는 대단히 어렵다. 둘은 열팽창계수가 거의 같다. 온도가 변할 때 거의 비슷한 정도로 팽창과 수축을 한다는 뜻이다. 콘크리트 보가 중력에 의해 아래로 휠 때를 생각해보자. 윗부분에는 압력이 가해지고 아랫부분에는 당기는 힘이 가해진다. 콘크리트는 아래에서 갈라진다. 이런 균열은 폭이 밀리미터 단위이며, 인간의 눈에는 보이지 않을 때도 있다. 하지만 분명히 존재한다. 만약 무슨 일이 일어난다면, 보의 기초에 자리한 철근이 장력에 저항하여 보를 안정적으로 유지해준다.

철근 공법은 이제 현대 건축물의 DNA가 됐다. 런던의 많은 건설 현장에는 공사장을 둘러싼 보호막에 작은 창이 나 있다. 그곳을 지나갈 때마다 나는 내부에서 벌어지는 일이 궁금해 안을 들여다보지 않을 수 없다. 어떤 현장에서든, 거대한 철근 더미가 조립을 눈앞에 두고 있거나 철근 틀이 나무 거푸집 안에 완성돼 있는 모습을 목격하게 된다. 콘크리트믹서트럭이 거푸집 안에 콘크리트를 쏟아붓고 나면, 노동자들이 전원이 연결된 짧은 막대로 콘크리트를 진동시켜서 크기가 다른 부착제들을 잘 섞어준다. 나 같은 엔지니어는 철근 사이의 틈이 콘크리트가 쉽게 흘러들어갈 만큼 넓은지를 확인한다. 나의 첫 번째 상사였던 존은 "만약 카나리아가 철근 틀을 빠져나갈 수 있다면 철근들의 간격이 너무 넓은 것이다. 반면 카나리아조차 숨이 막힐 지경이라면 간격이 너무 좁은 것이다"라고 말했다. 절대 잊지 못할 교훈이다(이 사고실험에서 진짜로 카나리아가 희생되는 일은 없었다).

콘크리트가 골고루 섞였다면, 노동자들은 거대한 갈퀴로 꼭대기를 평평하게 고르고는 그대로 굳힌다. 그런데 이 놀라운 물질에는 또 하나의 비밀이 있다. 두어 주일 뒤에 대부분의 화학반응은 끝난다. 시험해보면 목표로 정한 강도를 지닌 것으로 나온다. 사실 콘크리트는 몇 달이고 몇 년이고 아주 느리게 강도를 더해간다. 콘크리트가 안정화되는 것은 아주 오랜 시간 뒤다.

*

오늘날에는 건축물에 콘크리트가 많이 쓰인다. 고층 건물, 아파트, 터널, 광산, 도로, 댐, 그리고 수많은 건물들. 고대에는 서로 다른 문명권이 자신들의 기술과 기후 그리고 환경에 맞는 재료와 기술을 사용하여 건물을 지었다. 오늘날에는 콘크리트가 전 세계를 평정했다.

과학자와 엔지니어들은 끊임없이 혁신의 노력을 거듭해 콘크리트가 지금보다 더 강하고 오래가는 재료가 되도록 개선하고 있다. 최근에는 '스스로 치유하는' 콘크리트가 발명되었다. 젖산칼슘이

바위

담긴 미세한 캡슐을 포함한 콘크리트다. 액체 상태의 콘크리트에 섞여 있는 이 캡슐에는 놀라운 비밀이 숨겨져 있다. 캡슐 안에 산소나 먹이 없이 50년 동안 생존할 수 있는 박테리아(보통은 화산 근처에 있는 아주 강한 염기성의 호수에서 발견된다)가 담겨 있는 것이다. 콘크리트가 굳은 뒤에 균열이 발생하고 물이 스며들어 캡슐이 활성화되면 박테리아가 방출된다. 이 박테리아들은 염기성 환경에서 살기 때문에 매우 강한 염기성을 띠는 콘크리트 안에서도 생존한다. 그러고는 칼슘을 산소 및 이산화탄소와 결합해 석회암의 성분인 방해석을 형성한다. 그러면 방해석이 콘크리트의 균열을 메워서 건축물은 스스로 치유될 수 있다.

콘크리트 사용에는 또 다른 문제점도 있다. 인류가 배출하는 이산화탄소의 5퍼센트는 콘크리트를 만들 때 나온다. 콘크리트를 조금 사용하는 것은 환경에 그리 나쁘지 않지만 콘크리트를 워낙 많이 사용하다 보니 이산화탄소 배출량도 빠르게 늘고 있다. 일부 이산화탄소는 시멘트를 생산하기 위해 석회암을 가열할 때 발생하지만, 나머지는 수화 반응에서 발생한다. 반죽에 사용되는 시멘트의 상당량은 다른 산업 공정에서 나오는 폐기물로 대체할 수 있다. 예를 들면, 강철을 제조할 때 나오는 '고로슬래그 미분말(GGBS)' 같은 것 말이다. 이런 폐기물을 쓰면 콘크리트의 강도에는 영향이 별로 없지만 탄소 배출량은 많이 줄일 수 있다. 하지만 모든 건축물에 이런 콘크리트를 쓸 수 있는 것은 아니다. 이런 성분들이 콘크리트 반죽에 다른 영향을 주기 때문이다. 콘크리트가 굳기까지 더 오랜 시간이 걸리고 반죽도 더 끈적거린다(그러면 콘크리트를 높은 층에 펌프로 올리기가 힘들어진다). 이런 특성은 고층 건물을 지을 때는 큰 어려움이 된다.

'내가 참여한' 고층 건물인 더 샤드는 콘크리트와 강철을 정말 영리한 방법으로 사용함으로써 거주 공간과 사무 공간의 서로 다른 요구 사항들을 깔끔하게 화해시켰다. 일반적인 사무용 건물의 목표는 넓고 개방적인 공간을 만들면서 기둥은 거의 없애는 것이다. 강철이 여기 자주 사용된다. 강철 보는 장력과 압축력에 모두 강하기 때문에 같은 두께의 콘크리트 보보다 훨씬 긴 거리를 연결해줄 수 있다. 더구나 사무용 건물은 주거용 건물에 비해 냉방시설과 배관, 수도 배관과 케이블이 많이 필요하다. 인접한 보와 일정한 간격을 두고 I자 형태의 강철 보를 설치한다. 강철 건물은 콘크리트 건물보다 가벼워서 기초도 줄일 수 있다.

반대로, 주거용 건물이나 호텔은 집이나 방으로 다시 작게 나뉘는 형태다. 건축가는 넓은 공간을 만들어야 한다는 압박감에 시달리지 않아도 된다. 콘크리트 기둥을 벽에 숨겨서 평평한 콘크리트 슬라브를 지탱할 수도 있다. 콘크리트 바닥은 강철 바닥보다 얇기

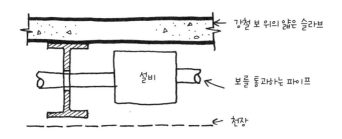

사무용 건물에서 강철 빔과 콘크리트 바닥의 배치.

바위

때문에 같은 높이의 콘크리트 건물에 더 많은 층을 넣을 수 있다. 케이블은 거의 없고 배관은 작아서 슬라브 바닥에 붙일 수도 있다. 콘크리트는 소리도 더 잘 흡수한다. 덕분에 층간 소음이 덜 전달된다. 대개 사무실에서는 잠을 자지 않기 때문에 이런 특성에 신경 쓰는 사람이 없지만 말이다.

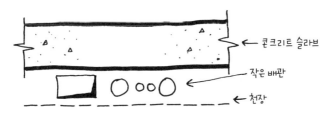

거주용 건물에서 콘크리트 바닥의 배치.

더 샤드의 저층부에 사무실, 고층부에 호텔과 아파트가 배치되면서 우리는 양쪽에 서로 다른 재료를 사용했다. 저층부에는 강철 기둥과 보로 사무실 공간을 만들었고, 고층부에는 콘크리트로 개인 공간을 만들었다. 적재적소에 제대로 재료를 쓰는 것이 당연해 보이지만, 사실 이런 경우는 꽤나 희귀했다. 당시까지는 전 세계적으로 몇 안 되는 건물만이 이런 설계를 채택했다. 전체적으로 한 가지 재료를 사용해야 재료 확보가 쉽기 때문이다(그리고 비용도 줄어든다). 하지만 나는 거기에 반박할 말이 있다. 서로 다른 곳에 서로 다른 재료를 쓰는 것이 장기적으로는 재료를 적게 사용하는, 지속 가능성이 높은 설계법이라고 말이다. 또한 지금까지는 복합적인 목적을 지닌 건물이 단일한 목적을 가진 건물에 비해 널리 지어지지 않았지만 점차 다목적 건물이 많이 지어지면서 여러 재료를 사용하는 공법도 보다 보편화될 것이다.

　재료를 효율적으로 사용하려면 공학을 제대로 활용해야 한다. 사람들은 때로 콘크리트를 구식 재료라고 생각한다. 고대에 뿌리가 있다는 이유에서다. 하지만 콘크리트는 미래의 재료이기도 하다. 과학자와 공학자는 아주 강한 콘크리트 혼합을 연구하기도 하고, 환경 친화적인 콘크리트를 연구하기도 한다. 아마 언젠가는 콘크리트를 완전히 대체할 새로운 재료가 등장할 것이다. 한편으로 계속 늘고 있는 인구의 수요에 맞추기 위해 도시들이 엄청난 속도로 지어질 것이다. 콘크리트 건물은 앞으로 오랫동안 지평선을 빛낼 것이다. 내가 쓰다듬을 콘크리트는 아직 많이 남아 있다.

바위

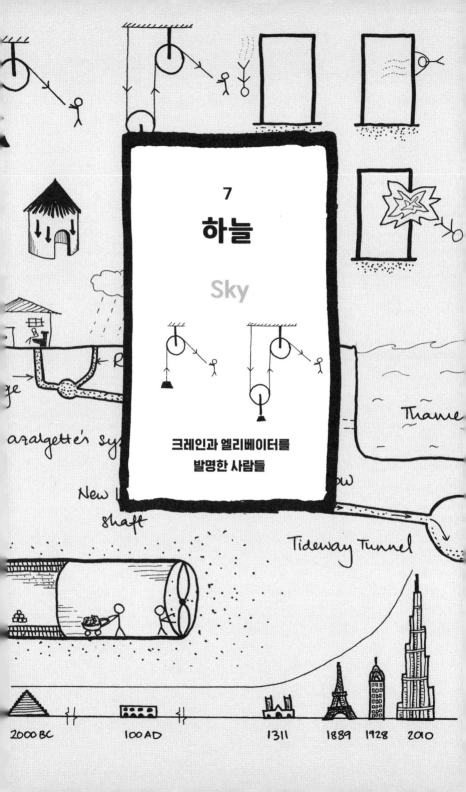

7

하늘

Sky

크레인과 엘리베이터를
발명한 사람들

몇 년간 나는 뉴캐슬의 강철 인도교와 런던의 콘크리트 아파트의 건설 공사부터 벽돌로 지어진 수정궁 역의 보수 공사까지 다양한 프로젝트를 진행해왔다. 하지만 어느새 고층 건물이 내 전문 분야가 됐다. 아이러니한 일이다. 나는 높이에 대한 감이 별로 없기 때문이다.

오해하지 마시길. 나는 높은 곳에서 아래를 내려다볼 때 영화 〈현기증〉에 등장하는 제임스 스튜어트(James Stewart)처럼 그대로 얼어붙은 채 눈이 커지거나 하지 않는다(히치콕 감독의 영화 〈현기증〉에서 배우 제임스 스튜어트는 미국 샌프란시스코의 형사인 주인공 존 스코티 퍼거슨 역할을 했다. 퍼거슨은 용의자를 추격하다가 지붕에서 떨어져 사망한 동료를 보고 심한 고소공포증에 걸린다-옮긴이). 다리에 힘이 풀려서 털썩 주저앉아 엉엉 울거나 하지도 않는다. 하지만 일할 때는 불편한 순간이 있다. 대개는 안전하게 사무실 책상에 앉아 시간을 보낸다(9층 이하의 낮은 곳에서). 하지만 때때로 내 직업을 상징하는 고전적인 복장인 단단한 안전모와 눈에 띄는 안전복을 걸친 채로 내가 설계한 건물에 올라가야 한다.

이런 이유 때문에 2012년 5월, 런던브리지 역에서 내린 뒤에 밝은 파란색으로 칠해진 합판 문을 향해 걸어갈 때, 나는 흥분과 함께 불안을 느껴야 했다. 이 문은 이 앞을 지나다니던 수천 명의 주목을 받지 못했다. 이 문은 한때 더 샤드의 정문이었다. 번쩍이는 유리와 강철 구조물로 사람들을 반기는 오늘날의 모습과는 크게 대조적이다.

하늘

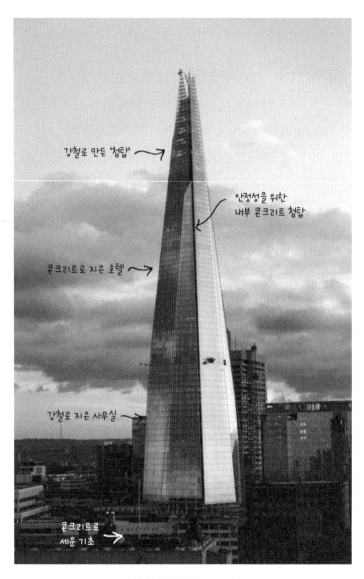

강철로 만든 '첨탑'

안정성을 위한
내부 콘크리트 첨탑

콘크리트로 지은 호텔

강철로 지은 사무실

콘크리트로
세운 기초

더 샤드는 영국 런던의 랜드마크다.

합판으로 만든 입구를 지나자 비닐로 만든 미로가 나타났다. 그곳을 지나면서 길을 잃을까 살짝 걱정됐다. 펜스를 쳐둔 통로가 내가 마지막으로 방문했을 때와는 다르게 배열돼 있었기 때문이다. 마침내 나는 닭장 같은 화물용 승강기에 머뭇머뭇 들어섰다. 승강기는 건물의 각도에 맞추기 위해 살짝 기울어져 있었다. 승강기는 파르르 떨며 신음 같은 소리를 내더니 빠르게 위로 올라가기 시작했다. 그동안 내 눈은 건물에 고정되어 있었다. 아래를 쳐다볼 생각은 하지도 않았다(더 샤드 최초의 엘리베이터가 건물 외벽에 설치된 기울어진 화물 승강기였다는 사실은 근사했지만, 그렇다고 불편함이 사라지는 것은 아니었다). 마침내 승강기가 멈췄을 때 나는 건물의 중간에 올라와 있었다. 그곳은 조용하고 황량했으며, 건물의 골격은 앙상했다. 녹슨 색깔의 강철 기둥이 얼룩덜룩한 회색빛을 띠는 단단한 콘크리트 바닥 여기저기에 솟아나 있었다. 나는 쓰다듬어보고 싶다는 충동을 억누르며, 이곳에 가구가 들어오고 사람이 가득 차면 어떻게 보일지 상상했다. 그날 사위는 조용했다.

나는 다시 승강기를 타고는 승강기가 닿는 가장 높은 곳이던 69층에 갔다. 거기서는 모든 것이 다르게 느껴졌다. 더 샤드는 다양한 원소를 드러내고 있었다. 금속 장벽이 건물의 모서리를 보호하고 있었다. 유리는 아직 설치되기 전이었다. 중간층의 황량함 대신 시끌벅적함이 그곳을 채우고 있었다. 노동자들이 공사 지시를 외치고, 강철 자재들이 뗑그렁 소리를 내고, 크레인이 삑삑대며 보를 옮기고, 콘크리트가 진동하는 펌프에서 왈칵 쏟아져 나왔다. 내 위로는 꼭대기 층인 우아한 첨탑이 올라가고 있었다. 층계참을 18개 오르면 가장 높은 층에 도달할 수 있었다. 갑자기 이번이야말로 내가 거기 가볼 수 있는 첫 번째 기회라는 생각이 들었다. 전에 방문했을 때는 꼭대기 부분이 아직 완성되지 않았었다. 이날이야말로 정말 특별한 날이었다.

하지만 나는 마지막 층에서 걸음을 멈추었다. 이 건축물이 끝이 점점 좁아지는 형태를 하고 있다는 것은 꼭대기 층인 87층이 다른 층에 비해 상대적으로 좁다는 뜻이다. 계단 가운데 서 있기만 해도 가장자리에 서 있는 느낌이 들었다. 속이 울렁거렸다. 스멀스멀 올라오는 공포를 억눌렀다. 눈을 감고 조용히 숨을 쉬자 신선하고 차가운 공기가 폐로 들어왔다. 어지러움이 조금 가셨을 때, 눈을 떴다 (짐작하시다시피 한쪽 눈만).

나는 천상 세계와 인간 세상의 교차로에 있었다. 몇 달간 모형을 만들고 계산을 하고 도면을 그린 끝에 마침내 나는 프로젝트가 현실이 되어가는 모습을 보고 있었다. 종이 위의 스케치나 컴퓨터 화면 속의 도면보다 훨씬 크고 좀 더 형태감이 느껴졌다. 이 단계의 건설에는 긴장감이 있다. 이 순간 미묘하게 다른 가짜 천장과 바닥은 사라지지만 아직 입면은 구체적으로 결정되지 않았고 사람들은 이곳에 절대 들어오지 못한다. 나는 마치 대형 록콘서트 리허설장의 출입증을 가진 기분이었다. 곧 비밀을 벗고 화려하게 꾸며질 공연을 모두, 하지만 핵심만을 특별히 지켜보는 기분이었다. 현장을 찾은 덕분에 나는 내가 창조한 대상에 대한 경외감에 사로잡힐 수 있었다. 또한 내가 고층 건물을 설계하고 건설하는 이 창조적인 일을 사랑하는 이유를 다시 한 번 떠올리게 됐다.

빌트

인류 문명이 만든 가장 높은 건물들의 그래프를 시간 순으로 그린다고 해보자. 이런 일이라면 밤새도록 즐겁게 할 자신이 있다. 어쨌든 그렇게 그래프를 그리다 보면, 1880년대쯤에 고층 건물의 높이가 갑자기 하늘로 치솟았음을 알게 된다. 수천 년 동안, 이집트 기자의 대피라미드(높이 146미터)가 세상에서 가장 높은 건물이었다. 1311년에는 영국 잉글랜드에 있는 링컨 대성당(높이 160미터)이 세상에서 가장 높은 건물이 되었고 이 기록은 1549년 폭풍우로 첨탑이 망가질 때까지 유지됐다. 이후 독일 슈트랄준트에 있는 성마리엔 교회(높이 151미터)가 세계에서 가장 높은 건축물로 등극했다. 성마리엔 교회도 1647년 번개에 첨탑이 파손되면서 스트라스부르 성당(높이는 142미터에 불과했지만 이때는 대피라미드도 침식되어 높이가 140미터도 되지 않았다)이 세계에서 가장 높은 건축물이 됐다. 높이 경쟁은 19세기에야 본격적으로 시작되었다. 1884년 미국 시카고에 첫 번째 고층 건물이 세워졌다. 높이가 42미터에 불과한 10층짜리 건물로, 오늘날에는 아무도 고층 건물이라고 생각하지 않을 것이다. 하지만 이 건물은 금속 프레임을 이용한 최초의 고층 건물이었다. 1889년에는 프랑스 에펠탑(높이 300미터)이 세계에서 가장 높은 건축물이 됐다. 그때 이후 우리의 야망도 커지고 건물의 높이도 치솟았다. 피라미드의 높이를 능가하는 데에는 거의 4000년이 걸렸지만 지난 150년간 건물은 150미터에서 1000미터 이상으로 높아졌다.

아이작 뉴턴의 유명한 말이 있다. "만약 내가 다른 사람보다 조

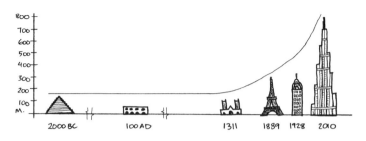

시간에 따라 가장 높은 건물을 표시해보면 지난 세기에 눈부신 기술 혁신으로
고층 건물을 짓는 능력이 빠르게 향상되었음을 알 수 있다.

금이라도 멀리 내다볼 수 있었다면 그것은 거인의 어깨 위에 올라
섰기 때문이다."쨍그랑거리는 강철부터 '삐삐' 울어대는 크레인까
지 이 건물을 짓는 데 들어간 모든 재료와 기술을 알고 있는 사람으
로서 나는 서유럽에서 가장 높은 건물(310미터) 꼭대기에서 이 건물
이 어떻게 생겨났는지, 누가 하늘의 문을 열도록 도와주었는지 다
시 생각했다. 물론 뉴턴도 그중 한 명이었다. 예를 들어, 뉴턴의 운
동 제3 법칙이 없었다면, 나는 아치 형태에 작용하는 힘을 계산할
수 없었을 것이다. 하지만 우리가 건축물에 대한 생각을 확장시켜
서 상자 형태(한 층짜리 집 같은 아주 단순한 것)에서 벗어나게 해준 사
람들이 있다. 바로 크레인과 엘리베이터를 개발한 사람들이다. 크
레인과 엘리베이터가 없었다면 우리는 아직도 지상에 붙어 살았을
것이다. 더 샤드는 혁신의 토대 위에서만 지어진 것이 아니다. 역사
적인 아이디어와 발전의 전통 위에서도 지어졌다. 이 전통은 고층
건물들이 지어질 수 있도록 혁신을 이끌어왔다. 높은 건물을 땅 위
에 세우려면 우선 땅 위에서 사물들을 들어올려야 한다. 그 때문에

빌트

크레인이 없을 때는 우리의 건축적 야망도 크게 제한될 수밖에 없었다. 아르키메데스(Archimedes, 기원전 287~212년)가 겹도르래(도르래는 고정된 상태에서 물건을 움직이는 고정도르래와, 물건과 함께 움직이는 움직도르래로 크게 나뉜다. 고정도르래와 움직도르래를 조합한 도르래가 겹도르래다-옮긴이)를 발명하기 전까지는.

*

도르래 자체는 아르키메데스 시대 이전부터 존재했다. 기원전 1500년경 메소포타미아문명권(지금의 이라크 지역)에서 물을 긷기 위해 단일 도르래 시스템을 사용했다. 도르래는 밧줄로 감싸인 채 공중에 매달린 바퀴를 의미한다. 도르래의 밧줄 한쪽 끝에 들어올리고 싶은 무거운 물체를 매단 뒤에 반대쪽에서 사람이 당긴다. 도르래는 굉장히 실용적인 도구다. 사람이 땅에 선 채로 중력의 도움을 받으며 줄을 아래로 잡아당기면 물체를 들어올릴 수 있기 때문이

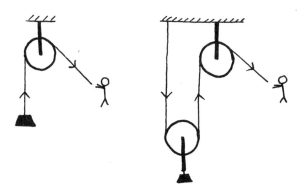

도르래(왼쪽)와 겹도르래(오른쪽).

하늘

다. 도르래가 발명되기 전에는 물체를 들어올릴 곳보다 높은 곳에 올라가 물체를 끌어올려야 했다. 도르래가 힘의 방향을 바꾸어줌으로써 인류는 더 무거운 짐도 움직일 수 있게 됐다.

아르키메데스는 수학과 물리학, 무기제조법과 공학 분야에서 지치지 않는 상상력을 지니고 있었다. 그는 도르래를 개량하여 한 개가 아닌 여러 개의 바퀴에 밧줄을 감게 했다. 하나의 도르래를 사용할 경우 어떤 물건을 들기 위한 힘의 크기는 해당 물체의 무게와 같다. 그러니까 10킬로그램의 질량을 지닌 물체를 들어올리려면 $10\mathrm{kg} \times 9.8\mathrm{m/s}^2$(중력가속도)=98N의 힘이 필요하다. (N[1N은 질량 1킬로그램의 물체에 작용하여 $1\mathrm{m/s}^2$의 가속도를 발생시키는 힘이다-옮긴이]은 뉴턴이라고 읽는다. 과학자 뉴턴에서 유래한 힘의 단위로, 그가 공학 분야에서 얼마나 중요한지를 상기시키는 또 하나의 예일 뿐이다. 그의 만유인력의 법칙이 없었다면 나는 이런 계산조차 하지 못했을 것이다.) 사람이 사용하는 에너지의 양은 작용한 힘에 거리를 곱한 값이다. 도르래 하나를 사용할 경우, 이 무게를 1미터 올리고 싶다면 밧줄 역시 1미터 당겨야 한다. 그러니까 사람이 사용하는 힘은 98N×1m=98Nm가 된다(Nm은 '뉴턴미터'라고 읽는다).

하지만 두 개의 도르래를 쓴다면, 같은 에너지를 내고도(왜냐하면 고정된 무게를 고정된 거리만큼 움직이니까) 힘은 반밖에 들지 않는다. 물체의 무게는 밧줄 한 부분이 아니라 두 부분에 의해 지탱되기 때문이다. 이 물체를 1미터 들어올리기 위해서는 밧줄의 두 부분이 1미터 움직여야 한다. 즉 사람이 밧줄을 2미터 끌어당겨야 한다는 뜻이다. 에너지는 동일하지만 거리는 두 배가 늘어나므로, 사람이 써

빌트

야 하는 힘은 절반이 된다. 도르래가 세 개, 열 개가 되어도 같은 원
리가 적용된다.

  아르키메데스는 왕이었던 히에론 2세에게 급진적인 주장을 했
다. 자신이 만든 겹도르래를 이용하면 아무리 무거운 물체라도 들
어올릴 수 있다고 했던 것이다. 당연히 히에론 2세는 믿지 않았고
아르키메데스에게 증명해보라고 했다. 왕의 가장 무거운 배에 사람
과 화물을 가득 실었다. 밧줄로 이 배를 바다로 끌고 가려면 수십
명의 사람이 안간힘을 써야 했다. 히에론 왕은 아르키메데스에게
혼자 해보라고 했다. 왕과 군중이 지켜보는 가운데 아르키메데스는
도르래를 조립한 다음 밧줄을 감고 밧줄의 한쪽 끝을 배에 연결했
다. 그러고는 밧줄의 반대쪽 끝을 잡아끌었다. 《플루타르코스 영웅
전》(2세기경에 쓰인 것으로 추정되는 전기)에 당시 상황이 묘사되어 있

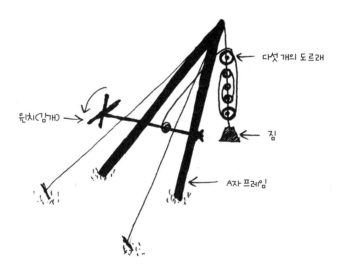

다섯 개의 도르래를 이용한 로마의 크레인.

하늘

다. "아르키메데스는 배를 부드럽고 안정되게 끌었다. 배는 마치 바다 위에 있는 것 같았다."

로마인들은 여러 개의 도르래가 어떤 잠재력을 갖는지를 알았고, 여기서 크레인을 발전시켰다. 기다란 두 개의 나무 지지대를 뒤집힌 V자 형태로 세워서 크레인의 뼈대를 만들었다. 지지대 꼭대기는 철제 브래킷으로 서로 고정되었고, 바닥은 땅에 고정됐다. 두 지지대 사이에 막대를 수평으로 끼워서(A모양이 됐다) 윈치(감개) 역할을 하게 했다. 이 윈치에 밧줄이 붙어 있어서 윈치를 감으면 밧줄이 올라가거나 내려갔다. 우물에서 양동이를 움직이는 장치와 똑같다. 크레인 꼭대기에는 두 개의 바퀴를 지닌 도르래가 고정돼 있었다. 윈치의 밧줄은 들어올리려는 물체, 바로 위에 놓인 세 번째 도르래로 이어졌다. 윈치의 양끝에는 기다란 네 개의 손잡이가 있어서 윈치를 돌릴 때 이용할 수 있었다. 덕분에 무거운 물체를 쉽게 들어올리거나 내릴 수 있었다. 로마인들은 더 무거운 물체를 들어올릴 때는 도르래를 추가하고 회전하는 부분을 늘렸다. 네 개의 손잡이는 쳇바퀴라고 불리는 커다란 바퀴로 바뀌었다.

도르래를 응용한 크레인 덕분에 로마인들은 고대 이집트인들보다 60배나 무거운 물체를 나를 수 있었다. 로마의 크레인보다 훨씬 크다는 것만 제외하면 오늘날 우리가 사용하는 크레인의 원리도 똑같다. 속이 비어 있는 사각형의 강철 부품을 조립해서 탑 모양의 프레임을 만든 다음 '지브(jib)'라고 불리는 팔 모양의 구조물을 붙인다. 지브에는 다중 도르래 시스템이 들어 있다. 로마의 크레인에 필요하던 인간의 근육과 손잡이는 석유로 대체되었다. 좌우로 360

도 회전하며, 수 톤의 강철이나 유리를 문제없이 나르는 지브는 현대판 아르키메데스 발명품에 안전하게 붙어 있다.

*

크레인과 아치의 잠재력을 알아본 로마인들은 좀 더 큰 건축물을 지을 수 있었다. 이는 그들의 야망과도 맞아떨어졌다. 이제 생각도 더 커져야 했다. 제국이 성장함에 따라 인구도 늘고 마을은 도시로 성장했다. 모두가 함께 살기 위해 인술라(insula)를 지었다. 고대판 아파트인 인술라는 전례 없는 10층 높이까지 지어졌다(당연히 피라미드가 훨씬 높았다. 하지만 피라미드 안에는 절대 사람이 살 수 없다).

도시 곳곳에 인술라가 퍼지면서 길 양쪽을 포위하는 상황이 됐다(적절하게도 인술라는 '섬'이라는 뜻이다). 당시 가정에 흔히 있던, 빛이 들어오는 개방형 중정 대신, 인술라에는 바깥을 향하는 창문이 있었다. 안이 아닌 밖을 향하도록 바뀐 셈이다. 1층에는 기둥을 잔뜩 세우고 그 사이에 상대적으로 나지막한 아치를 덮었다. 아치들의 굴곡진 꼭대기에 콘크리트를 평평하게 올려서 바닥을 만들었다. 아치가 없었다면 바닥 보를 지탱하기 위해 훨씬 많은 기둥이 필요했을 것이다. 그러면 방도 작고 불편했을 것이다.

더 높은 건물을 짓기 위해 로마인들은 기둥과 아치를 더 많이 쌓아올렸다. 처음으로, 로마인들은 크고 무거운 건축물이 땅속으로 가라앉지 않게 하려면 기초를 설계해야 한다는 생각을 하게 됐다. 건축 부지가 어떤 종류의 땅인지를 연구한 뒤, 돌과 콘크리트로 기초를 다져서 건축물을 잘 지탱하게 했다.

하늘

아파트에서 가장 비싸고 수요가 많은 것은 1층이었다. 높은 곳일수록 집은 작아지고 값도 싸졌다. 오늘날과는 정반대다. 오늘날 가장 고급스러운 곳은 호텔이나 건물의 꼭대기 층에 위치한 펜트하우스로, 값이 어마어마하게 비싸다. 인술라는 사실 난처한 곳이었다. 엘리베이터가 없어서 거주자들은 계단을 걸어 올라가야 했다. 높은 곳까지 물을 펌프질할 수 없었기에 직접 깨끗한 물을 길어 올라가야 했다. 반면 쓰레기는 다시 가지고 내려와야 했다(많은 사람들이 창밖으로 던져버리곤 했지만). 동물이 들어오기도 했다. 어떤 곳에서는 소가 3층까지 돌아다녔다고 한다.

인술라는 시끄러웠다. 유리창이 발명되어 덧문을 대체한 뒤에도 사람들은 끊임없는 로마 거리의 소요를 피하지 못했다. 새벽이 되기 전에는 제빵사들이 오븐에서 쩔렁거리는 소리를 냈다. 늦은 아침에는 선생들이 광장에서 수업하는 소리가 들렸다. 금박 제조자들의 끊임없는 망치질 소리, 동전이 짤랑거리는 소리, 거지의 울부짖음, 물건을 팔려는 상점 주인들의 시끄러운 목소리가 하루 종일 들려왔다. 밤이 되면 만취한 선원들과 삐걱거리는 수레가 소란에 동참했다. 하지만 소음이나 불결함보다 더 두려운 것은 건물이 무너지거나 타버릴지 모른다는 두려움이었다. 제대로 짓지 못한 일부 건물에서 이미 그런 일이 일어났다. 아우구스투스 황제는 최대 높이를 20미터로 제한하는, 초기 형태의 도시 계획 제한 구역을 도입했다(나중에 네로 황제가 18미터 이하로 조정했다). 하지만 규제는 자주 지켜지지 않았다. 각종 불편에도 불구하고, 서기 300년쯤에는 로마 인구 대부분이 인술라에 살았다. 이런 건물이 4만 5000채 있었고,

1인 가구는 2000채가 채 안 되었다.

역사상 최초로, 수백 명이 여러 층에 나뉘어 사는 실용적인 고층 건물이 지어졌다. 이것은 혁명적인 생각이었다. 비록 처음으로 이런 건물에 거주하는 사람에게는 이웃과 어깨를 비비며 사는 것이 당황스러운 경험이었겠지만 말이다. 이런 새로운 생활 방식에 익숙하지 않은 이방인에게도 이상한 광경이었음에 틀림없다. 하지만 이것은 미래였다. 사람이 사람 위에 산다는 아이디어가 초고층 건물로 나아가는 출발점이 되었다.

*

아르키메데스는 메소포타미아의 도로래를 개선했다. 비슷하게 로마인들도 아르키메데스의 혁신을 새로운 방법으로 응용했다. 그들은 매우 튼튼한 크레인을 만들었다. 하지만 공학의 발전은 단지 전통이나 혁신을 앞서 받아들인다고 해서 가능한 것이 아니다. 때로는 전통을 깨뜨리고 불가능한 것을 생각해야 한다. 예를 들어, 나는 레오나르도 다빈치(1452~1519)를 존경한다. 그는 하늘을 나는 기계와 기계로 움직이는 기사 그리고 유명한 교량 아이디어(짧은 사다리 모양으로 빠르게 조립하고 해체할 수 있다)를 구상했다. 전통을 깨뜨리고 불가능을 꿈꿨던 또 다른 인물로 필리포 브루넬레스키(1377~1446)가 있다. 그는 단 하나의 목표를 갖고 르네상스 건축물 가운데 가장 유명한 돔 건축물을 홀로 만들었다. 그는 이를 통해 지지 틀 없이 짓는 프로세스를 제안함으로써 건설 분야에 혁명을 일으켰다. 그의 뒤에서 사람들이 "미친 사람이 간다!"고 외쳤던 것도

하늘

두 층의 벽돌이 군사한 돔을 완성시켰다.

브루넬레스키의 돔이 피렌체 두오모 성당(일명 피렌체 대성당)의 꼭대기를 덮고 있다.

무리는 아니었다.

　브루넬레스키 시대에 피렌체 대성당은 100년 이상 건설 중인 상태였다. 1296년 칙령은 "높이와 아름다움 측면에서 대단히 장엄하여 그리스와 로마에서 지어진 모든 건축물을 능가하는" 건물의 건설을 제안했다. 같은 해에 아르놀포 디 캄비오(Arnolfo di Cambio)가 건물을 짓기 시작했다(그는 피렌체의 또 다른 위대한 랜드마크인 산타 크로체 성당과 베키오 궁도 지었다). 칙령의 웅장한 언변과 열정, 도시의 에너지, 그리고 무엇보다 쏟아부은 돈에도 불구하고, 수십 년 동안 성쇠를 거듭하면서 1418년까지 성당은 완성되지 못했다. 특히 문제는 돔이었다. 당시 42미터에 달하는 거대한 구멍 위에 돔을 어떻게

빌트

올려야 할지 아무도 생각하지 못했다.

　브루넬레스키는 마무리되지 못한 성당과 가까운 곳에서 자랐다. 성당 건축이 너무나 오랜 시간 이어져왔기 때문에 현장과 인접한 거리 가운데 하나는 '룽고 디 폰다멘티(Lungo di Fondamenti)'라고 불렸다. '기초를 따라 걷는 길'이라는 뜻이다. 브루넬레스키는 도제 신분으로 청동과 금 주조 기술을 배우고는 철을 벼려서 물건을 만들고 금속을 다듬었다. 이후 그는 로마로 가서 고대 로마인들의 기술을 배웠다. 젊은 브루넬레스키는 공학에 점점 매료되어 두 가지를 결심했다. 하나는 고대 로마 시대의 위대함을 건축물로 되살리겠다는 것이었다. 다른 하나는 대성당의 돔을 완성하겠다는 것이었다. 두 가지 결심을 모두 이룰 기회가 왔다. 돔을 지을 적임자를 찾기 위한 경연이 열렸던 것이다. 하지만 상상력이 부족한 사람들에게 그의 급진적인 아이디어가 불러올 반감을 극복하지 못한다면 브루넬레스키가 경연에서 승리하는 것은 요원해 보였다. 게다가 그는 수완 좋은 사람도 아니었다(한번은 그의 설계를 평가한 위원회가 그를

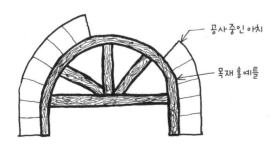

공사 중인 아치

목재 홍예틀

아치를 건설하는 과정. 목재 홍예틀이 돌이 제자리를 잡게 도와준다.
마지막에 아치이맛돌을 끼우면 완성된다.

하늘

광장으로 쫓아내는 바람에 그는 '미친 사람'이라는 악명을 듣게 됐다).

사람들이 왜 브루넬레스키가 제안한 새로운 방법을 비난했는지는 쉽게 이해된다. 수천 년 동안 아치와 돔은 같은 방법으로 지어졌다. 목수가 아치 아랫부분의 형태와 일치하게 목재로 주형 또는 홍예틀(centering)을 만든다. 석공 또는 벽돌공이 그 주위에 자재를 붙인다. 석재들을 일종의 모르타르로 붙이기도 한다. 돌이나 벽돌을 기초부에서부터 아치의 가운뎃부분으로 붙여간다. 마지막 단계는 아치 꼭대기에 아치이맛돌을 끼우는 것이다. 아치이맛돌이 자리를 잡아야 비로소 아치가 연결된다. 아치가 연결되기 전까지는 목재 홍예틀이 돌이나 벽돌을 지탱해야 한다. 홍예틀이 없다면 아치는 그냥 무너져버릴 것이다. 일단 아치이맛돌이 끼워지면, 하중이 전달될 길이 완성되고 아치는 안정적으로 유지된다. 그러면 홍예틀을 치워도 아치는 잘 유지된다. 돔 건설도 같은 절차를 따른다. 다만 반구 모양의 목재 홍예틀을 이용한다는 점이 다르다.

모두가 이 방법이 돔을 짓는 유일한 방법이라고 믿었다. 하지만 브루넬레스키는 그렇게 생각하지 않았다. 그는 심사위원회에 벽돌 5000개로 만들어진, 폭 2미터에 높이가 거의 4미터인 모형을 보여주었다. 그는 겨우 한 달 만에 홍예틀 없이 이 모형을 완성했다고 설명했다. 그의 주장은 회의론에 부딪혔다. 특히 그가 어떻게 모형을 만들었는지 밝히지 않으면서 회의론은 더욱 깊어졌다.

돔의 최종 설계안을 선정해야 하는 심사위원회는 그에게 방법을 밝히라고 계속 요구했다. 하지만 브루넬레스키는 거부했다. 여러 번의 회의 끝에 브루넬레스키는 테이블에 달걀을 세우는 도전자를 우승자로 정하자고 제안했다. 한 사람 한 사람 도전에 나섰지만 모두 실패했다. 브루넬레스키가 달걀을 테이블 위에 강하게 내리친 다음 그대로 세워두었다(테이블에 부딪힌 달걀 껍데기는 깨진 상태였다). 다른 참가자들이 달걀 껍데기를 깨도 된다는 사실을 알았다면 누구라도 그렇게 했을 것이라고 항변했다. 그러자 그가 반박했다. "맞습니다. 만약 제가 돔을 짓는 방법을 이야기하면 당신들은 똑같은 말을 하겠지요." 결국 브루넬레스키가 계약을 따냈다. 다른 해결책이 거의 없었기 때문이다. (어떤 사람은 성당 안을 흙으로 채워서 돔을 완성하자고 했다. 이때 흙에 동전을 섞어두면 돔이 완성된 뒤에 어린 소년들이 자발적으로 흙을 치울 것이라고 했다.)

나는 물리학과 학생일 때 피렌체를 방문했다. 베키오 다리, 조토의 종탑, 산 조반니 세례당, 산타 펠리치타 성당 등 마치 중세와 르네상스 초기의 공학을 전시하는 야외 박물관 같았다. 도시를 대표하는 성당인 피렌체 대성당이 핵심 작품이었다. 나는 한참 동안 바깥에서 구석구석을 살펴보았다. 네 개의 큰 기둥에 의해 나뉜(그 위에는 또 다른 기둥 두 개가 올라가 있다), 세 개의 출입구가 보여주는 간결한 대칭성, 가장 큰 장미창(꽃 모양의 둥근 창-옮긴이) 바로 아래에 위치한, 성모마리아와 사도를 새긴 복잡한 일련의 부조가 인상적이었다. 색이 칠해진 돌들과 함께 원, 뾰족한 아치, 삼각형, 직사각형이 기분 좋은 기하학적 카오스를 만들어냈다. 마침내 문을 지나 건물 안으로 들어서자 내 눈은 바로 머리 위쪽의 돔으로 향했다.

기초부는 팔각형이었다. 각각의 벽에 있는 둥근 스테인드글라스로 빛이 새어 들어왔다. 그리고 더 많은 빛이 돔 꼭대기의 오쿨루스

하늘

를 통해 들어왔다. 스테인드글라스 위에는 최후의 심판을 묘사한 장대한 프레스코화가 있었다. 천사, 성인, 덕을 의인화한 인물들이 색칠된 구름 층 사이에서 눈길을 끌었다. 모든 것이 사랑스러웠다. 하지만 내 안의 과학자는 모든 것이 어떻게 만들어졌는지, 아름다운 장식 뒤의 돔 자체를 보고 싶어 했다.

돔이 가장 잘 보이는 곳은 조토의 종탑이다. 조토의 종탑은 성당의 서쪽 모퉁이, 광장에 있다. 414개의 돌계단이 내 체력을 시험했지만, 마침내 나는 꼭대기에 다다랐다. 진한 붉은빛의 테라코타 타일이 늘어선 모습도 보였고 돔의 형태를 규정하는 여덟 개의 흰 리브(rib. 돔의 골격을 이루는 서까래 구조-옮긴이) 가운데 한두 개도 보였다. 정말 멋진 광경이었다. 이곳은 브루넬레스키의 천재성에 찬사를 보내기에 적당한 곳이었다. 브루넬레스키의 혁신적인 생각은 그

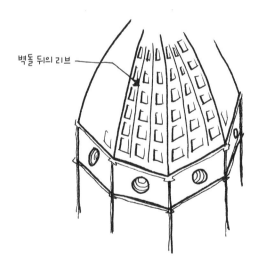

벽돌 뒤의 리브

두 층의 벽돌 사이에 놓인 피렌체 대성당의 골격 구조. 브루넬레스키의 혁신이다.

빌트

것을 현실로 만들 용기와 결합함으로써 실현되었다. 내겐 그가 마치 현대의 공학자같이 느껴졌다. 오늘날 공학을 발전시키는 것은 주류 너머를 생각하고 '불가능한' 것을 상상하는 것이기 때문이다.

브루넬레스키는 독특한 상세 스케치에 리브를 그려두었다. 리브는 돌로 만들어졌으며, 건물의 여덟 모서리 위에 고정되어 아치와 같은 역할을 했다. 이 아치들이 팔각형 돔의 모서리를 지탱했다. 주요한 여덟 개의 석재 리브 사이에는 다시 16개의 작은 석재 리브가 있어서 바람의 힘에 저항했다. 이 16개의 리브는 밖에서는 보이지 않는다. 브루넬레스키가 벽돌로 만든 두 겹의 외피 사이에 숨겼기 때문이다. 이런 빈 공간을 만듦으로써 그는 작은 리브들을 숨길 수 있었을 뿐만 아니라, 빈 공간 없이 가득 차 있을 때에 비해 돔의 무게를 절반으로 줄일 수 있었다. 덕분에 그는 홍예틀 없이 돔을 지을 수 있었다.

브루넬레스키는 기본으로 돌아갔다. 벽돌 건축물은 전통적으로 여러 겹으로 지어진다. 벽돌을 쌓고 모르타르를 바르고 다시 벽돌을 쌓는 식이다. 단순한 정원 담을 생각해보면 이해하기 쉬울 것이다. 다만 그 벽이 우리를 향해 휘어져 있다고 생각해야 된다(물론 그런 정원 담은 없지만, 우선은 그냥 들어주시길). 이 시점에 문제가 생긴다. 벽이 휘어지고 높아지고 무거워지면, 하중을 견디지 못하고 갈라질 위험이 있다. 모르타르는 벽돌보다 약하기 때문에 벽돌 층보다 먼저 갈라질 가능성이 높다.

브루넬레스키는 이를 막기 위해 벽돌공들에게 한번도 해보지 않았던 일을 하게 했다. 벽돌 세 개를 수평으로 나란히 놓은 다음 양끝에 벽돌을 수직으로 쌓게 했던 것이다. 마치 북엔드처럼 말이다. 다음 층도 세 개의 수평 벽돌과 양끝의 수직 벽돌로 쌓았다. 그렇게 400만 개의 벽돌이 놓였다. 이것은 꽤 고통스러운 과정이었다. 인부들은 한 층을 쌓은 뒤에 모르타르가 마르기를 참을성 있게 기다렸다가 다음 층을 쌓았다. 이렇게 쌓은 벽돌 층은 이른바 '헤링본'(오늬무늬. 화살촉 뒤쪽 끝부분에 물고기 꼬리처럼 갈라진 부분의 무늬-옮긴이) 패턴을 이루었다. 마치 물고기 뼈처럼 보였기 때문이다. 엔지니어로서 나는 이 아이디어의 단순성에 감탄했다. 길게 이어지는, 모르타르를 바른 곳이 이 구조물의 약한 고리였다. 브루넬레스키가 이 부분을 수직 벽돌로 끊어줌으로써 벽은 훨씬 튼튼해졌다.

헤링본 패턴으로 벽돌을 쌓으면 수직으로 세워진 벽돌이 튼튼함을 더해준다.

비슷하게 혁신적인 접근이 더 샤드 건축을 이끌었다. 건물의 척추(코어) 부분을 설계할 때, 우리 엔지니어 팀은 독특한 방법을 고안해냈다. 우리는 건설 시간을 단축하기 위해 두 방향에서 일하기로 했다. 지하를 만들기 위해 아래로 파들어가는 동시에 위로는 계속 층을 올리는 방법이었다. 보통 지하를 만들고 싶을 때는 거대한 구멍을 파고 콘크리트나 강철 벽으로 옆을 고정한다. 파일(기다란 콘크리트 기둥)을 구멍의 바닥에 설치해서 미래의 건물을 지탱하게 한다. 그리고 나서 슬라브를 각각의 지하층마다 붓는다. 이 과정은 지상 1층에 다다를 때까지 계속된다. 그다음에야 지상에서 무엇인가를 지을 수 있다.

하지만 우리는 전례 없던 일을 했다. 파일을 지하층에 설치하게 했다. 그리고 거대한 강철 기둥을 파일에 꽂았다. 지상층에는 가운데 큰 구멍이 뚫린 바닥 슬라브를 설치했다. 인부들은 이 구멍을 통해 흙을 치우고는 강철 기둥이 꽂힌 콘크리트 파일이 드러나게 했다. 계속 아래로 파 내려가는 동안, 특수한 장비가 새로 드러난 강

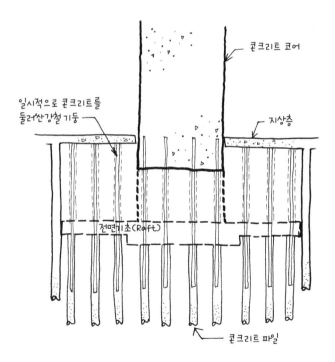

런던의 더 샤드 건설에 채택되었던 탑다운 건축법.

하늘

철이 꽂힌 기둥에 부착되었다. 이렇게 부착된 장비로 중앙의 콘크리트 코어를 짓는다. 코어가 지어지는 동안 지하부와 기초가 마무리됐다. 이 시점에 20층의 거대한 콘크리트 척추는 단지 강철 기둥에만 지탱되고 있었다. 그 자리에는 기초가 없었다. 지주 위에 지어진 건축물인 셈이었다.

'탑다운(top-down)'이라고 불리는 이 공법은 원래 작은 건물의 기둥과 바닥을 고정시키기 위해 사용됐다. 하지만 코어에는 사용된 적이 없었다. 이 정도 규모의 건축물에 사용된 적은 당연히 없었다. 엔지니어링이 우선이었다. 표준에 얽매이지 않는 우리의 사고 능력 덕분에 시간과 돈을 절약했다. 우리는 현실 세계의 어려움을 창의성으로 해결했다. 지금은 다른 사람들이 우리의 아이디어를 자신들의 프로젝트에 활용하고 있다. 언제나 그렇듯, 현재 존재하는 아이디어를 바탕으로 건축물을 짓는 것은 혁신을 이끈다. 그것이 세계에서 가장 유명한 성당의 돔이든, 유럽에서 가장 높은 건물이든 간에.

*

2012년 5월, 더 샤드 현장을 방문했을 때였다. 새장 같은 엘리베이터를 타고 처음에는 34층, 나중에는 69층에 올라가면서 내 눈은 바깥이나 아래를 보는 대신 건물에 고정되어 있었다. 엘리베이터 없이는 더 샤드, 아니 모든 초고층 건물이 존재하지 못했을 것이라는 생각을 하지 않을 수 없었다. 로마의 인술라가 10층 위로 올라가지 못했던 것도 그런 높이를 오르내리는 데는 현실적으로 무리가 있었기 때문이다. 오늘날 우리는 버튼을 누르면 엘리베이터가 와서 우리를 태우고 빠르게 높은 건물을 오르내리는 것을 너무나 당연시한다. 하지만 1850년대 이전에는 지금과 같은 엘리베이터가 존재하지 않았다. 그리고 엘리베이터의 발명과 동시에 초고층 건물이 지어지기 시작했지만 원래 엘리베이터는 건물을 위해 설계된 것이 아니었다. 공장에서 재료를 안전하게 나르기 위해 설계된 것이었다.

아르키메데스처럼, 엘리샤 오티스(Elisha Otis) 역시 지치지 않는 창조력으로 가득한 사람이었다. 목수, 기계공, 침대 프레임 제조자, 공장주 등 여러 직업을 거치면서 자동 선반공(automatic turner)을 만들어 침대 프레임의 생산 속도를 네 배 높였다. 열차용 안전 브레이크를 새로 개발하기도 했고 심지어 자동 제빵 오븐도 만들었다. 1852년 그는 뉴욕주 용커스의 공장을 청소하는 일을 하게 되었다. 층간에 쌓인 자재들을 나르는 일이 너무나 힘들어서 그는 기계로 이 일을 해낼 방법을 고민하기 시작했다. 사람과 재료를 한 층에서 다른 층으로 옮기는 방법은 여러 세기에 걸쳐 만들어졌다. 로마의 검투사는 콜로세움의 구덩이에서 격투장으로 올라올 때 움직이는 단상을 이용했다. 하지만 여기에는 안전 문제가 따랐다. 만약 단상

왜건스프링이 엘리베이터 운영의 난제를 풀었다.

을 올리거나 내리는 밧줄이 갑자기 끊어지면 단상은 땅으로 떨어지고 검투사는 죽을 것이다. 오티스는 이런 일을 막을 방법을 고민했다.

그의 아이디어는 '왜건스프링'을 이용하는 것이었다. 왜건스프링은 정교하게 제작된 얇은 강철 띠를 켜켜이 쌓아 올린 C자 모양의 스프링이다. 마차와 왜건의 서스펜션을 강화하기 위해 널리 쓰였다. 힘을 받으면 왜건스프링은 거의 평평해진다. 하지만 힘이 사라지면 구부러진다. 힘에 의해 형태가 변화하는 것이다. 오티스는 바로 이런 형태 변화를 이용하기로 했다. 먼저 그는 매끈한 가이드 레일(단상이 위로 오르거나 아래로 내려갈 때 제자리를 유지하게 하는 장치다)을 뾰족한 톱니바퀴 같은 제동기가 달린 레일로 교체했다. 그다음에는 골대 모양의 장치를 만들었다. 이 장치는 중간에 경첩이 달려 있었고 아래쪽은 기초에 고정돼 있었다. 그는 스프링을 달고 나서 골대를 엘리베이터 꼭대기에 있는 로프에 매달았다. 로프가 원래 상태이면, 스프링은 납작할 것이고 골대는 사각형일 것이다. 만약 밧줄이 끊어지면 스프링은 C자 모양으로 변한다. 이 과정에서 골대가 아래로 내려가고 모양이 변하면서 두 개의 '발'이 제동기가 있는 레일에 고정되고 엘리베이터는 멈춘다.

하지만 대중이 그의 발명품에 관심을 갖게 하기 위해, 그리고 승강기가 작동한다는 것을 보여주기 위해 오티스에게는 큰 무대가 필요했다. 그는 1853년 뉴욕에서 열리는 세계박람회에 주목했다. '만국산업박람회'라는 제목 하에 미국의 기술력을 과시하고 전 세계적인 산업의 혁신을 보여주는 것이 목표였다. 오티스는 넓은 전

E. G. OTIS.
HOISTING APPARATUS.

o: 31,128.   Patented Jan. 15, 1861.

지지 로프

왜건스프링

골대

발

제동기 구조의 레일

오티스 엘리베이터 또는 '승강기'의 특허 문서 가운데 일부.

시 홀에 가이드 레일과 제동기, 용수철, 승강기와 관련 기기를 설치했다. 그리고 승강기에 물건을 실었다. 사람들이 모이자 오티스는 승강기에 탔고, 승강기는 최고 높이까지 올라갔다. 모두가 지켜보는 가운데 오티스는 조수에게 승강기의 로프를 끊으라고 했다.

조수가 도끼를 휘두르고 승강기가 갑자기 떨어지기 시작하자 사람들은 숨을 멈추었다. 하지만 엘리베이터는 겨우 5~8센티미터 떨

하늘

어지다가 갑자기 멈추었다. 승강기 꼭대기에서 오티스가 이렇게 외쳤다. "안전합니다, 여러분. 완벽히 안전해요."

4년 뒤, 오티스는 자신이 만든 최초의 증기기관 안전 엘리베이터를 뉴욕 브로드웨이와 브룸 거리 모퉁이에 위치한 5층짜리 E. V. 허프워트(Haughwout & Co) 백화점에 설치했다. 그가 설립하고 그의 이름을 붙인 선구적인 기업은 에펠탑과 엠파이어스테이트 빌딩부터 말레이시아 페트로나스 타워까지 전 세계에 엘리베이터와 에스컬레이터를 공급했다. 이런 건물은 오티스의 발명품 없이는 존재하기 힘들었다. 그가 엘리베이터를 개발하기 전까지 건물의 높이는 사람이 얼마나 많은 계단을 오를 수 있느냐에 의해 제한을 받았다. 엘리베이터는 이 장벽을 무너뜨렸다. 그리고 엔지니어들은 진짜 초고층 건물을 꿈꿀 수 있게 되었다.

이후 인류는 점점 높은 건물을 지었다. 이제 우리는 정반대의 문제에 부딪히게 되었다. 500미터 이상 올라가는 엘리베이터는 만들 수 없다. 엘리베이터의 강철 케이블이 너무 무거워져서 효율이 떨어지기 때문이다. 아주 높은 건물의 경우 엘리베이터가 한번에 꼭대기까지 올라가지 않는 이유가 이것이다. 몇 층을 올라간 뒤에 다른 엘리베이터로 갈아타고 나머지 층을 올라간다. 하지만 엔지니어들은 다른 재료를 사용함으로써 이 문제를 해결했다. 강철 대신 더 가볍고 강한 탄소섬유를 쓰는 것이다. 물론 탄소섬유도 문제가 없지는 않다. 특히 화재가 문제다. 고층 건물은 계속 생겨날 것이고, 더 많은 혁신이 필요하다.

초고층 건물의 또 다른 문제는 흔들림이다. 1장에서 건물의 움직임을 조절해야 사람들이 멀미를 하지 않는다는 말을 했었다. 이런 조절이 필요한 이유는 더 있다. 엘리베이터는 직선으로 뻗은 가이드레일을 타고 달리는데, 만약 건물이 움직이면 이 가이드레일이 휘어지게 된다. 사소한 휘어짐은 문제가 아니다. 하지만 많이 휘면 엘리베이터가 삐걱대다 멈출 것이다. 건물이 높을수록 엘리베이터는 더 많이 움직이고 엘리베이터 샤프트도 더 많이 휘어질 수밖에 없다. 해결책은 여러 가지다. 엘리베이터 자체를 업그레이드해서 좀 더 휘어져도 괜찮게 하거나, 폭풍우가 심할 때는 엘리베이터의 운행을 중단하는 방법 등이 있다. 오늘날의 오티스도 분명 독창적인 방법으로 이 문제를 해결할 것이다. 당연히 그래야 한다. 엘리베이터가 없어서는 안 되는 우리 일상의 일부가 되었기 때문이다. 전 세계 인구가 72시간마다 한번씩 엘리베이터를 타고 이동한다.

*

나는 세계에서 가장 높은(829.8미터) 건물인 두바이의 부르즈 할리파에 갔을 때 엘리샤 오티스를 생각했다. 전체 163층 가운데 124층에 위치한 전망대로 나를 데려간 엘리베이터가 바로 그의 회사에서 설치한 것이었기 때문이다. 바깥에 설치된 새장 같은 승강기를 타고 올라갔던 서유럽의 가장 높은 건물에 비하면, 훨씬 고요한 여정이었다. 비록 LCD 모니터에 표시된 층수는 당황스러울 정도로 빠르게 바뀌었지만 말이다. 이 엘리베이터는 시속 36킬로미터의 속도로 올라갔다(엘리샤 오티스가 E. V. 허프워트 빌딩에 설치한 엘리베이터는 시속 0.7킬로미터로 올라갔다). 잠시 뒤, 나는 대비되는 광경을 만

여러 개의 '튜브'가
초고층 건물을
안정되게 한다.

2018년 기준으로 세계에서 가장 높은 건물인 두바이의 부르즈 할리파는
어떤 면에서는 엘리베이터 기술 덕분에 현실화될 수 있었다.

났다. 한쪽에는 순수한 모래가 건물에서부터 지평선 끝까지 이어져
있었다. 반대쪽에는 푸른 바다와 함께 인공 섬들이 야자수 이파리
모양을 이룬 '팜 주메이라'가 펼쳐져 있었다. 바닥부터 천장까지 유
리에 의해 보호받는 기분으로, 나는 건물 모퉁이 쪽으로 가서 아래

를 내려다보았다. 수많은 미래적인 건물들이 자그마하게 펼쳐져 보였다. SF영화 세트장의 모형 같았다. 이 건물들이 실제로는 유럽 대부분의 초고층 건물과 미국의 상당수 초고층 건물보다 높다는 것이 충격적이었다. 부르즈 할리파는 주변의 모든 건물을 난쟁이로 만들어버렸고, 사람들의 비율 감각을 엉망으로 만들어버렸다.

부르즈 할리파같이 극단적으로 높은 초고층 건물은 장난스럽고 활기찬 소년 시절을 보낸 사람 덕분에 탄생하게 됐다. 1929년 4월 방글라데시 다카에서 태어난 파즐러 칸(Fazlur Khan)은 전통적인 학교교육을 싫어했다. 그의 호기심 넘치는 질문에 교사들은 험악한 반응만 보일 뿐이었다. 결국 그는 교육을 대수롭지 않게 여기게 되었다(아버지가 수학 교사였는데도 말이다). 다행히 그의 아버지는 인내심이 많고 미래를 생각하는 사람이었다. 그는 아들에게 더 폭넓은 교육이 필요하다고 결정하고, 아들의 지적인 질문을 확장해주기로 했다. 이를 위해 수양시키는 듯한 양육 방식을 택했다. 아버지는 파즐러에게 학교 숙제와 비슷한 문제를 내주었다. 하지만 숙제할 때보다 훨씬 많은 생각을 해야 하는 문제였다. 또한 아버지는 같은 문제를 여러 관점에서 풀어보게 했다. 파즐러가 대학에서 물리학을 공부할지 공학을 공부할지 선택해야 하는 시간이 왔다. 아버지는 파즐러에게 공학을 공부하게 했다. 왜냐하면 공학에는 수양이 필요하며, 이를 위해 파즐러는 강의 전에 일찍 일어나야 했기 때문이다. (여기에 대해서는 나도 할 말이 있다. 사실 물리학 학위를 따기 위해서도 아침 일찍부터 공부를 해야 한다.) 칸은 1951년 다카 대학교에서 토목공학 학위를 받았다. 1952년 풀브라이트 장학생으로 선발되어 미국으로

하늘

유학을 갔다. 그리고 3년간 그는 두 개의 석사 학위와 하나의 박사 학위를 받고 프랑스어와 독일어를 공부했다.

칸은 건물을 안정화시키는 시스템을 건물 바깥에 설치하는 아이디어를 생각해냈다. 놀라운 혁신이었다. 퐁피두 센터와 거킨부터 허스트 타워(Hearst Tower, 뉴욕 맨해튼의 건물로 미디어 회사인 허스트 커뮤니케이션스 사의 본사가 있다. 건물 표면에 X자 모양의 구조가 반복된다-옮긴이)와 토네이도 타워(Tornado Tower, 카타르 도하에 있는 52층짜리 고층 건물-옮긴이)에 이르기까지 전 세계 주요 건축물에 그의 아이디어가 쓰였다. 칸은 큰 가새로 튼튼한 삼각형을 만들어 단단한 외골격을 구축했다. 기존 고층 건물의 안쪽에 있던 구조를 바깥으로 빼낸 것이다. 이 시스템은 '튜브 시스템(tubular system)'이라고 불린다. 마치 속이 비어 있는 튜브처럼 건물 외곽의 '껍질'이 강성을 부여하기 때문이다. 건물의 껍질이 반드시 튜브 모양일 필요는 없지만.

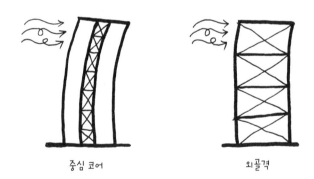

중심 코어   외골격

건물을 위한 또 다른 안정화 시스템으로,
기존 건물의 중심 코어를 없애고 외골격을 채택하고 있다.

빌트

칸이 이 개념을 도입한 첫 번째 사례는 시카고의 드위트-체스넛 (DeWitt-Chestnut) 아파트 건물이다. 하지만 그의 새로운 접근법을 보여주는 진짜 사례는 1968년에 완공된 시카고의 존 핸콕 센터 (John Hancock Center)였다. 존 핸콕 센터는 100층(344미터)짜리 건물로 당시에는 엠파이어스테이트 빌딩에 이어 세계에서 두 번째로

거대한 'X'가 건물의 안정성을 유지해준다.

시카고의 존 핸콕 센터는 건물의 안정성을 위해 외골격을 사용하고 있다.

하늘

높았다. 직사각형 입방체 형태의 존 핸콕 센터는 위로 갈수록 살짝 폭이 좁아져서 꼭대기가 기초부보다 가늘다. 건물의 네 면 모두에서 다섯 개의 커다란 'X'자를 볼 수 있다. X자는 위로 차곡차곡 쌓여 있다. 50년이 지났음에도 이 건물의 디자인은 여전히 현대적이고 우아해 보인다. 이 선구적인 설계로 칸은 '고층 건물을 위한 튜브 디자인의 창시자'라는 명성을 얻었다.

외골격은 칸의 아이디어 가운데 하나였을 뿐이나. 그는 이런 외골격을 여럿 모아 묶음으로 만드는 방법도 제안했다. 빨대를 한 묶음 움켜쥐는 것과 비슷하다. 각각의 빨대는 하나의 튜브로서 어느 정도까지는 스스로 서 있을 수 있다. 하지만 여러 개의 빨대를 한데 묶으면, 훨씬 강하고 안정적인 건물을 지을 수 있다. 부르즈 할리파에는 이 시스템이 변형적으로 활용됐다. 이 건물의 단면을 보면 잎이나 꽃잎을 닮은 세 부분으로 나뉘어 있는 형태임을 알 수 있다. (그것은 이 건물의 브랜드 이미지가 되었다. 엘리베이터를 타고 올라가는 동안 줄이 한 줄 한 줄 더해지면서 형상이 춤을 추는 빛의 쇼가 벽에 펼쳐졌다.) '꽃잎'은 사실 외골격을 지닌 '빨대' 또는 튜브로서 뭉치 형태로 서로를 지탱해준다. 이렇게 부재 하나하나가 서로를 지지해준다는 것은 건물이 매우 높더라도 안정적이라는 뜻이다.

건물을 높이 짓기 위해서는 내적으로보다는 외적으로 구조를 안정화시켜야 한다. 아마 내가 경험했던 가장 불안정한 일은 언젠가 갔던 스키 여행일 것이다. 처음에 나를 가르친 강사는 스키폴을 사용하지 못하게 했다. 그래서 멈추고 싶을 때는 발로 넘어져야 했다. 나는 넘어진 횟수를 세다가 어느 순간 잊어버렸다. 넘어지다가 입은 상처의 수도 세다가 잊어먹었다. 하지만 최소한 잠깐이나마 겨우 일어섰을 때는 스스로 균형을 잡기 위해 스키폴을 사용해도 좋다고 허락을 받았다. 여기에는 큰 차이가 있었다. 나는 팔을 펼치고 스키폴을 사용함으로써 좀 더 오래 서 있을 수 있음을 알게 되었다. 비록 스키폴이 내 다리에 비해 너무 가늘고 약하지만, 내 발이 닿지 않는 곳까지 폴을 짚을 수가 있어서 더욱 안정적으로 느낄 수 있었다.

외골격을 지닌 고층 건물도 같은 방식으로 작동한다. 안정성을 작은 내부 공간(내 다리 또는 건물의 코어)에서 바깥 공간(폴이나 외골격)으로 퍼지게 함으로써 건물의 안정성을 높이는 것이 가능하다. 이런 방식으로 구조를 뒤집은 덕분에 수많은 공학적 가능성이 열렸다. 만약 20세기 초에 엔지니어들이 지었던 것과 비슷하게 50층이나 60층짜리 건물을 짓는다고 하면, 오늘날에는 훨씬 적은 재료가 들어갈 것이다. 또는 옛날 건물들과 같은 양의 재료로 건물을 짓는다면, 훨씬 높게 지을 수 있다. 그리하여 1970년대부터 수많은 튜브 건축물이 세워졌다. 홍콩의 중국은행(Bank of China) 건물과 뉴욕의 원래 세계무역센터 건물부터 쿠알라룸푸르의 페트로나스 트윈 타워까지, 튜브 건축물은 우리의 스카이라인을 영원히 바꾸고 있다. 또 현대 도시의 전형적인 실루엣도 만들어가고 있다.

*

건축 기술과 구조 시스템 그리고 계산 능력이 매년 향상되고 있다. 구조공학자가 되기에 더없이 신나는 시기다. 우리보다 먼저 이

하늘

일을 했던 사람들로부터 무엇을 배웠는가에 따라 건물이 높아졌고, 그에 따라 우리 지식도 깊어졌다. 오늘날 나는 레오나르도 다빈치 같은 위대한 인물들이 만들고 싶어 했던 건물을 설계할 수 있다. 그리고 100년 뒤의 엔지니어들은 분명 내가 지금 해결하려고 애쓰는 일들을 쉽게 해치울 방법을 찾아낼 것이다. 나는 동료들과 함께 수천 년에 걸쳐 아르키메데스, 브루넬레스키, 오티스, 칸을 비롯해 수많은 사람들이 이어온 공학의 역사를 바탕으로 건물을 짓고 있다.

오늘날 우리는 언제라도 쓸 수 있는 기술을 가지고 있다. 우리는 높이에 한계가 있을 거라고는 생각하지 않는다. 우리는 지난 4000여 년간 많은 물리적, 과학적, 기술적 제약을 강한 재료와 넓은 토대, 단단한 땅을 기반으로 이겨냈다. 돈도 많이 썼지만 말이다. 우리가 원하는 높이로 짓지 못할 이유가 없다. 정말 문제는 이것이다. 얼마나 높이 올라갈 수 있을까? 기초가 넓으면 건물 한가운데 부분에는 빛이 거의 들지 않을 가능성이 높다. 크고 강한 기둥과 보는 공간을 제한한다. 그렇다면 거주자의 안전이나 편의성은 어떨까. 엘리베이터를 기다리는 시간은 얼마나 필요하고, 초거대 건물에 머무는 수만 명의 사람들은 어떻게 탈출해야 할까.

기술 덕분에 우리는 이런 문제를 해결할 수 있다. 실험실에서는 이미 그래핀같이 새로운 초강력 재료를 합성하고 있다. 크레인은 더욱 커지고 있고 탑다운 공법 같은 새로운 기술이 창의적인 방법으로 계속 쓰이고 있다. 과학과 공학이 전례 없이 빠른 속도로 초고층 건물을 만들고 있다. 중국 우한에 있는 우한 그린랜드 센터(636미터), 말레이시아 쿠알라룸푸르에 있는 메르데카 타워(682미터), 세계 최초로 높이 1킬로미터의 건물로 건설될 예정인 사우디아라비아의 제다 타워(Jeddah Tower, 다트 모양이다)가 그 예다.

그렇다면 끝은 어디일까.

내가 살아본 가장 높은 건물은 10층이었다. 거기서 내가 사는 도시를 새롭게 조망할 수 있는 것이 좋았다. 그러면서도 그보다 더 높은 곳에서 살면 어떤 느낌일지 궁금했다. 홍콩이나 상하이 같은 도시에서는 수많은 사람이 40층에 산다. 아마 이런 일이 모든 지역에서 보편화할 것이다. 사람들은 수없이 도시로 몰려든다. 점점 부족해지고 있는 공간에 모든 사람들을 살게 하려면 건물을 높이 짓는 것이 좋다.

지난 세기에 건물의 높이가 급격히 치솟다 보니 사람들이 그렇게 높은 곳에 사는 것을 좋아하는지 생각할 겨를이 없었다. 하지만 이제 사람들은 더 높이 지으려고 경쟁하는 대신 우리가 무엇을 원하는지 고민하고 있다. 우리가 무엇을 지을 수 있는지가 아니라 무엇을 짓고 싶어 하는지를 생각하는 것이다. 1960년대부터 1980년대까지 고층 건물이 홍수처럼 쏟아져 나온 뒤에 건축가와 엔지니어들은 어떤 형태의 건물이 사람들과 환경에 가장 좋을지를 물었다. 문화적인 요인도 한몫을 했다. 각각의 나라는 도시화 정도가 다른데다 옆으로 퍼져 살지 위로 올라가 살지에 대한 선호도가 다르다. 미래의 어느 시점에 이르면 건물의 평균 높이는 높아질 것이다. 물론 랜드마크가 될 건물은 계속 지어질 것이고 세계 최고의 기록도 계속 깨질 것이다. 하지만 결국 우리의 본성이 우리를 초고층 건물에서 다시 지상으로 내려놓을 것이다. 사람들은 집 안으로 흘러

하늘

드는 햇빛과 바람을 좋아한다. 땅과 우리의 뿌리에 연결되고 싶어 한다. 우리는 위를 쳐다보며 우리가 지은 건물에 경이감을 느낄 것이다. 하지만 땅에 발을 딛고 있다는 느낌 역시 필요하다.

빌트

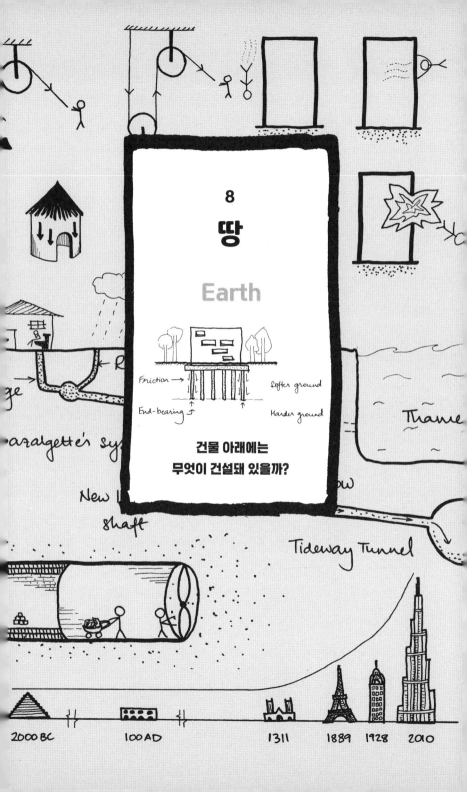

8

땅

Earth

건물 아래에는
무엇이 건설돼 있을까?

멕시코시티는 호수 위에 건설되었다.

처음에는 작은 섬이었지만, 점점 확장되었다. 멕시코시티는 이제 처음 위치보다 훨씬 멀리까지 넓게 확장되었다. 하지만 아즈텍과 스페인의 역사적인 건축물들이 있는 도심은 호수 위에 위치해 있다. 28미터 아래 땅은 무르지 않고 단단하다. 그 위로 부드러운 흙이 덮인 땅은 매우 축축하며 약하다. 나는 '건물이 세워진 젤리 그릇'의 이미지가 떠오른다.

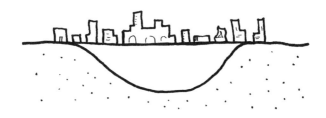

호수 위에 지어진 멕시코시티.

그래서 멕시코시티의 도심부는 가라앉고 있다. 그것도 빠르게. 지난 150년 동안 도심부는 10미터 이상 가라앉았다. 3층 건물이 들어가고도 남을 깊이다.

*

멕시코에서 구조공학자라는 직업과 고층 건물 설계에 대해 강연해달라는 요청이 들어왔을 때, 나는 무척 기뻤다. 보고 싶은 것들이

땅

많았기 때문이다. 멕시코 국립인류학박물관, 보스크 드 차풀테펙 (Bosque de Chapultepec), 테오티우아칸(Teotihuacan)의 고대 피라미드들, 그리고 한때 멕시코시티 최고층 건물이었고 지금도 극적으로 팽창한 도시의 광대함을 경험할 수 있는 최고의 장소인 토레 라티노아메리카나(Torre Latinoamericana)가 그것이다. 자연스럽게 나는 도시 아래에서 그곳 건축물에 기묘한 영향을 미치고 있는 독특한 땅에 대해서도 알아보고 싶었다.

공학에서는 겉으로 드러난 것만큼이나 그 아래에 숨겨진 것도 중요하다. 아무리 멋지게 설계된 초고층 건물을 짓는다 해도(지상 부분) 그만큼 멋지게 설계된 안정적인 지하 구조(땅 아랫부분)가 없다면, 또는 건물 아래의 지층과 땅의 조건을 제대로 모른다면, 또는 그런 땅에 적합한 방법으로 건물을 짓지 않았다면, 그 건축물은 안정적일 수 없다. 이런 건축물은 결국 피사의 사탑처럼 되어버린다(내 건물은 이런 이유로 관광객이 몰려들지 않았으면 좋겠다). 멕시코시티는 건물을 짓기에 까다로운 조건을 지닌 곳인데다가 지진학적으로도 취약한 곳이었기에 나는 이번 여행이 이 도시가 어떻게 수직으로 서 있을 수 있는지를 전문가로부터 직접 들을 환상적인 기회가 될 것이라고 생각했다.

도시의 입지는 미래를 고려해 결정되었다. 아즈텍인들은 그들이 섬기던 신 우이칠로포치틀리(Huitzilopochtli, 전쟁과 태양의 신)로부터 고지대에서 나와 새로운 수도로 옮기라는 계시를 받았다. 새로운 수도는 뱀을 부리에 물고 있는 독수리가 노팔 선인장 위에 앉아 있는 곳이라고 했다(이 이미지는 멕시코의 국기에 그려져 있다). 아즈텍인들

빌트

은 계시에 따라 거의 250년을 찾아헤맨 끝에 신이 예언한 독수리를 찾았다. 독수리는 텍스코코 호수(Lake Texcoco) 한가운데에 있는 작은 섬에 앉아 있었지만, 그런 것은 아즈텍인들에게 문제가 되지 않았을 것이다(하지만 당시 아즈텍의 엔지니어들은 물이 가득한 새 부지를 조사하고는 한숨을 내쉬었을 것 같다).

노팔 선인장의 장소라는 뜻의 테노치티틀란(고대 아즈텍의 수도-옮긴이)은 1325년에 건설되었다. 한창 전성기에 그곳은 풍요로운 정원과 운하 그리고 거대한 사원이 있는 도시였다. 통치자는 방대한 땅을 지배했다. 아즈텍인들은 섬의 도시를 본토와 연결하기 위해 세 개의 큰 둑길을 만들었다. 호수 안쪽에 수직으로 통나무를 박아 넣고 그 위에 흙과 점토를 얹어 길을 만들었다. 이 둑길은 현재 주요 도로로서 현대적인 도시 한가운데 있는 역사적인 중심지를 가로지른다.

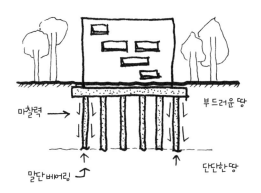

부드러운 땅에서 건물을 지탱하는 파일.

땅

이 통나무들은 '파일'의 예다. 모양과 크기는 다양하지만 한 가지 원리는 똑같다. 기둥을 깊이 박아 그 위의 건축물을 지지한다는 점 말이다. 땅이 건축물의 무게를 지탱할 만큼 단단하지 않다면, 파일이 건축물의 무게를 이동시킴으로써 토양에 무리한 힘이 가해지지 않게 한다. 고대인들은 보통 나무 기둥을 썼지만, 현대에는 더 큰 건축물을 지지해야 하기에 주로 둥근 기둥 모양의 콘크리트 파일을 사용한다. 아니면 둥근 튜브 형태의 상철 파일 또는 H 사나 사다리꼴의 강철 파일을 쓰기도 한다. 이런 파일 위에 건축물의 기초가 지어진다. 파일들은 강철 보로 연결된다.

파일은 두 가지 방법으로 땅에 힘을 전달한다. 하나는 파일의 표면과 토양 사이의 마찰력을 통해서고 다른 하나는 힘을 기초부로 내보내는 방법을 통해서다(말단-베어링 파일end-bearing piles이라고 한다). 지지하는 건축물의 무게와 종류에 따라 파일의 개수가 달라질 수 있으며, 파일의 길이는 기초가 받는 힘과 땅의 종류에 따라 바뀔 수 있다.

마찰 파일은 파일의 표면과 땅의 마찰력을 이용해 건축물의 부하 또는 하중을 나른다. 파일이 많을수록 땅과 만나는 표면적이 넓어지고 마찰력도 늘어난다. 마찰력은 무게에 저항한다. 뉴턴의 운동 제3 법칙으로 설명하면, 거대 건축물이 아래로 가하는 작용에 대한 반작용이다.

때로 지반이 너무 약해서 파일에 마찰력이 별로 생기지 않을 수도 있다. 이때 말단-베어링 파일이 쓰인다. 말단-베어링 파일은 매우 길어서 더 깊고 강한 지층에까지 닿는다. 파일로 전해진 하중은 지지층으로 흘러가 땅속으로 흩어진다.

사실 마찰 파일이나 말단-베어링 파일 중 하나만 사용할 이유는 없다. 둘 다 사용할 수도 있다. 점토 같은 일부 토양은 파일에 달라붙기 때문에 마찰력을 많이 낸다. 하지만 하중이 매우 크고 가용 공간이 적어서 하중에 저항할 마찰력이 충분하지 않을 경우에는 파일을 길게 만들어서 더 단단한 지층에 닿게 한다. 예를 들어, 런던에는 약 50미터 깊이의 모래층이 있기 때문에 더 큰 건축물을 지으려면 거기까지 파내려가야 한다.

어떤 크기의 파일을 얼마나 써야 하는지를 결정하는 것은 엔지니어의 중요한 임무다. 이 임무는 토양을 조사한 보고서에서부터 시작된다. 이 보고서로 서로 다른 지층의 특성은 물론, 각 지층의 두께와 강도도 알 수 있다. 이후 콘크리트 '바닥'이 건축물의 침하를 막아주지 못한다는 사실이 밝혀지면, 나는 파일을 쓰기로 결정할 것이다. 보고서에 적힌 정보와 지질공학자들의 의견을 참고해 단단한 지층에 닿으려면 파일을 얼마나 깊이 박아야 하는지 계산하고, 다양한 지층의 마찰 특성도 따져본다.

그다음에는 지름을 결정한다. 지름이 작은 파일은 값이 싸고 설치가 쉽다는 장점이 있다. 하지만 그리 강하지는 않다. 지름이 큰 파일은 표면적이 넓고 마찰력도 크다. 기초부가 넓으면 더욱 튼튼하다. 따라서 계산을 통해 적합한 타협안을 찾아야 한다. 나는 지름을 결정한 다음 정해진 길이에 근거해 하나의 파일에 얼마나 많은 하중이 실리게 될지 계산한다. 이후 건물 전체의 무게를 파일의 용량으로 나눠서 몇 개의 파일을 설치해야 하는지를 결정한다. 만약 건물 아래에 그만큼의 파일을 설치할 수 있다면 그대로 진행한다. 만약 그렇지 않다면, 더 굵은 파일로 바꿔서 계산을 다시 한다. 런던 올드 스트리트 근처에서 내가 설계했던 40층짜리 건물의 경우, 최종적으로 지름이 0.6~0.9미터인 파일을 40개가량 설치하는 것으로 결론이 났다. 오늘날 많은 초고층 건물들이 파일의 마찰력만으로 지탱된다(토질 자체가 좋아서 파일이 하중을 받쳐준다면 말이다). 하지만 이 건물의 파일은 마찰력과 말단-베어링을 모두 활용한다. 린던에는 점토층이 있어서 꽤 깊은 곳까지 지반이 약하기 때문이다.

땅에 파일을 박는 것은 굉장히 어려운 일이다. 오늘날처럼 거대한 파일을 설치할 수 있게 된 것은 현대의 기계화 이후의 일이다. 거대한 코르크 따개 같은 기계가 땅속 깊숙이 비틀려 들어가며 흙을 파낸다. 그렇게 만들어진 구멍에는 콘크리트가 채워진다. 콘크리트가 아직 굳지 않았을 때 철근망(steel cage)을 넣어 파일의 강도를 보강한다. 기계화가 이루어지기 전에는 수백 년 동안 대부분의 엔지니어들이 그냥 파일을 땅에 박기만 했다. 아즈텍인들이 텍스코코 호수에서 그랬듯이 말이다. 엔지니어링의 관점에서 그들의 건설은 성공적이었다. 이후 두 세기 동안 단단히 버텼기 때문이다.

하지만 그 후 외국인들이 나타났다.

1521년 스페인 사람들이 테노치티틀란을 정복하고 완전히 파괴했다. 그러고는 아즈텍 피라미드 사원의 기초 위에 도시를 다시 지었다. 그들은 호수 주변의 나무를 잘랐다. 진흙이 씻겨 내려가고 침식이 일어나면서 호수 바닥이 얕아졌다. 수위가 상승하면서 17~18세기에 도시는 자주 홍수에 시달렸다. 그때마다 혼란과 황폐화가 일어났다(1629년 홍수 뒤에는 도시가 5년 동안 물에 잠겨 있었다). 결국 호수는 흙으로 메워졌고 도시는 확장됐다. 하지만 도시는 여전히 주기적으로 홍수에 시달렸다. 땅속에 물이 많이 차 있기 때문이다.

땅속의 어느 깊이에 이르면 자연적으로 물이 흐른다. 이 깊이를 지하수면(water table)이라고 부른다. 지하수면이 높은 곳에 구멍을 파면 금세 구멍에 물이 차오른다. 원래의 텍스코코 호수가 이와 비슷했다. 구멍을 흙으로 막고(텍스코코 호수가 흙으로 채워진 것처럼) 비처럼 물을 흩뿌려주면, 물이 흙과 뒤범벅되어 위로 올라올 것이다 (폭풍이 지나간 뒤에 정원이 흙으로 뒤범벅이 되어 있는 것과 비슷하다. 이 경우에도 흙 사이의 공간에 물이 다 찼기 때문에 이런 일이 벌어지는 것이다). 이것이 멕시코시티에서 벌어진 일이다. 20세기 이후에 여분의 물을 내보내는 거대한 터널 망이 이용되면서 홍수가 통제되기 시작했다. 하지만 이렇게 예측이 불가능하고 불안정한 땅 위에 지은 건물들이 여전히 현대의 도시에 남아 있다.

*

나는 멕시코시티의 거대한 메트로폴리탄 대성당 마당에 서서 지질공학자인 에프레인 오반도셸리(Efrain Ovando-Shelley) 박사를 찾기 위해 군중을 살펴보았다. 사진 속의 오반도셸리 박사는 선글라스를 끼고 카키색 군복을 입고 있어서 약간 인디아나 존스처럼 보였다. 성당의 견실하고 질서정연한 기둥이 그 사이에 있는 섬세한 조각과 강한 대비를 이루었다. 하지만 엔지니어인 내 눈을 사로잡은 것은 건물의 균열이었다. 모르타르와 석재 벽돌 안에 벌어져 있

땅

멕시코시티 메트로폴리탄 대성당의 모습.

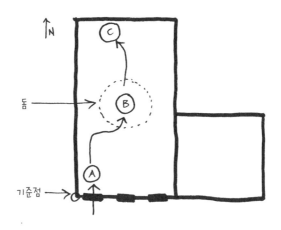

메트로폴리탄 대성당 지도.

는 검은 공간이 보였다. 주요 출입구 옆에 늘어선 대형 종탑 두 개는 완벽한 수직이 아닌 것처럼 보였다. 하지만 이런 생각은 금세 사라졌다. 정확히 약속한 시간이 되자 오반도셸리 박사가 나타났다. 그는 선글라스를 낀 채 내게 인사를 건네며 자신의 책을 주었다. 그리고 나를 성당으로 안내하기 시작했다.

입구에 들어서자마자(그림의 A지점) 뭔가 이상한 느낌이 들었다. 한 무리의 관광객이 그곳의 위용에 혼을 빼앗기고 있는 사이에 예배를 드리러 온 사람들이 나무로 만든 반짝거리는 신도석에 공손히 앉아 있었다. 내 주의는 바닥에 쏠렸다. 대성당의 뒤쪽으로 이동하는 동안 언덕을 오르는 듯한 느낌이 들었다. 그런데 정말 나는 언덕을 오르고 있었다. 바닥이 평평하지 못하거나 땅이 불균질하게 내려앉는 바람에 성당 바닥에 오르막이 생겼다.

1573년에 아즈텍 피라미드의 기초 위에 대성당이 지어지기 시작했다. 건축가 클라우디오 드 아르키니에가(Claudio de Arciniega)는 땅과 관련한 문제점을 알고 있었고 이를 해결하기 위해 영리한 방법으로 기초를 설계했다. 그는 길이 3~4미터짜리 말뚝을 2만 2000개 이상 땅에 박아서 흙을 서로 '고정'하고 압축했다. 모래를 가득 담은 상자에 가로 세로 일정한 간격으로 양꼬치용 막대를 넣었다고 해보자. 상자를 흔들면 양꼬치용 막대를 넣지 않았을 때보다 모래가 훨씬 덜 흔들릴 것이다. 말뚝은 파일과는 기능이 조금 다르다. 말뚝은 대성당의 무게를 지탱하지 않고 토양의 강도만 높이기 때문이다.

그래서 대성당을 짓는 사람들은 육중한 돌로 만든 평평한 단을

땅

말뚝 위에 세웠다. 한쪽 변의 길이는 140미터, 다른 변의 길이는 70미터였다. 폭이 축구장과 맞먹고 길이는 축구장의 1.5배 정도다. 두께는 900밀리미터였다. 커다란 보가 이 단 위에 격자 형태로 올려졌다. 그러자 마치 와플 같은 모양이 나타났다. 나중에 대성당의 기둥과 벽이 세워질 자리였다. 보의 위쪽이 대성당의 바닥을 이루어서 기둥의 무게를 석재 단에 분산시킨다. 이런 종류의 기초(큰 보가 있든 없든)를 '전면기초(raft foundation)'라고 한다.

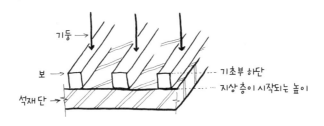

대성당의 전면기초를 형성하는 층.

영어로 전면기초라는 말에는 건물이 '떠 있다'라는 의미가 담겨 있다(raft는 뗏목이라는 뜻이다–옮긴이). 무른 땅 위에 건물을 세울 때는 토양에 너무 집중된 하중이 가해지지 않게 해야 한다. 집중하중(concentrated load)이 가해지는 것은 스파이크 힐을 신고 진흙 위에 서 있는 것과 같다. 여름철에 결혼식에 참석해본 하객들은 알겠지만, 뾰족한 힐은 땅속에 가라앉는다. 땅 위에 가하는 압력(힘을 면적으로 나누면 값이 나온다)이 크기 때문이다. 하지만 단화는 쉽게 가라앉지 않는다. 같은 힘이 훨씬 넓은 면적에 퍼져 있기 때문이다. 겨

빌트

울철 눈 위에서 신는 신발의 원리가 여기에 기초하고 있다. 그러니까 대성당의 석재 단은 진흙 위의 단화 같은 역할을 해서 건물의 무게를 넓은 영역에 분산시킨다. 문제는 어떤 경우에는 땅이 너무나 물러서 건물의 무게를 넓은 영역에 퍼뜨리거나 집중하중을 막는 것만으로는 충분하지 못하다는 것이다.

이쯤에서 대성당의 무게를 견디기 위해 마찰력이나 말단-베어링 파일을 쓰지 않았다는 사실을 떠올려보자. 아래에 있는 피라미드의 기초 때문에, 또는 당시의 공학자들이 땅의 토양층에 파일을 박는 것은 반대의 문제, 그러니까 대성당을 들어올릴 수 있다는 사실을 깨달았기 때문일 수도 있다. 실제로 1910년에 세워진 멕시코시티의 '독립의 천사 기념비'는 파일로 지탱되는데 건설 100주년이 지나면서 기초에 계단이 14개 추가되었다. 기념비가 주변보다 높아졌기 때문이다. 멕시코시티의 엔지니어들은 대성당이 천천히, 꾸준히 그리고 균일하게 가라앉게 하는 것이 최선이라는 사실에 동의한다.

대성당이 지어졌을 당시 석재 단의 꼭대기는 바깥쪽 땅의 높이에 맞춰졌다. 그 위에는 3.5미터 높이의 보가 설치됐고, 그 위가 대성당의 바닥이었다. 그러니까 바닥은 원래 지상에서 3.5미터 올라와 있었다. 아마도 당시 엔지니어들은 대성당이 가라앉을 수도 있다는 사실을 알고는 공사가 끝날 즈음에는 바닥이 지상과 같은 높이로 내려오도록 계획을 세웠던 듯하다. 그들은 대성당 건물이 균일하게 가라앉아 손상을 입지 않기를 바랐다. 하지만 드 아르키니에가의 노력에도 불구하고, 건설 과정에서 무거운 돌 위에 다시 무

땅

거운 돌을 올리다 보니 건물은 불균일하게 가라앉기 시작했다. 대성당 건물의 남서쪽 모퉁이(그림에서 왼쪽 앞부분의 모서리)가 북동쪽 모퉁이보다 더 많이 가라앉았다. 이렇게 불안하게 기울어진 채로 진행되는 침하를 상쇄하기 위해 시공자들은 남쪽 부분 석재 단의 두께를 900밀리미터 늘렸다.

석재 단이 불균일하게 기우는 구조적 이유는 토양 때문이다. 이제부터 건물을 짓는다고 해보자. 건물을 지을 땅을 마주하고는 지금의 행동에 영향을 미칠 과거 따위 없다고 가정하고 현재의 상태가 어떤지를 물어보면 끝나는 문제가 아니다. 토양에는 엔지니어가 반드시 고려해야 하는 역사와 개성이 있다. 아즈텍인들은 대성당이 세워진 바로 그 장소에 피라미드를 세웠다. 그러면서 부분적으로는 제의적인 목적으로, 부분적으로는 건축에 따른 피해를 상쇄하려는 목적으로 지층을 더했다. 이는 토양의 물리적 상태에 영향을 미쳤다. 어떤 부분은 이미 많은 압력을 겪으면서 겹쳐지고 압축됐다. 다른 쪽은 많은 무게를 받지 않아서 가볍고 느슨한 상태를 유지하고 있다. 겹쳐진 토양 위에 새로운 기초를 짓는 경우에는 건물이 많이 가라앉지 않는다. 하지만 느슨한 토양 위에 지은 부분은 더 많이 움직인다.

스페인 건축가들이 기초를 완성한 뒤에도 건물은 불균형하게 움직였다. 건축가들은 건물을 세우는 각도를 바꿈으로써 이 문제를 해결해보려고 했다. 오반도셀리 박사는 돌이 점점 좁아지는 모양으로 잘린(보통은 평평하고 일정하게 놓는다) 곳을 지목했다. 덕분에 건축가들은 이미 쌓아올린 돌 층이 기울어진 뒤에도 수평선을 회복할

빌트

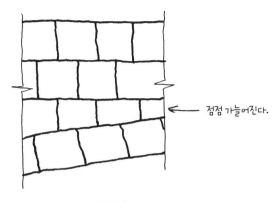

점점 가늘어진다.

재정렬 시도.

수 있었다. 기울어진 상태를 조정할 또 다른 방법은 계속되는 침하를 막는 것이다. 건물의 남쪽 끝부분에 세워진 기둥은 북쪽의 기둥보다 거의 1미터나 높다. 대성당은 240년 만에 완공됐지만, 지금까지도 그리고 앞으로도 불규칙하게 가라앉을 것이다.

오반도셀리 박사와 나는 어느 복도를 따라 걸었다(184쪽의 지도에서 B지점이다). 그러다가 중앙 돔 바로 아래에서 멈췄다. 여기에서부터 빛나는 황동과 강철로 만든 거대한 미사일 모양의 추(또는 추의 줄)가 걸려 있다. 이것을 보면 대성당이 얼마나 움직였는지 알 수 있다. 독자들도 줄과 작은 분동 그리고 투명한 플라스틱 상자를 가지고 흉내 내볼 수 있다. 분동에 줄을 묶고 플라스틱 상자 윗면의 한가운데에 매단 다음 수평을 이룬 테이블 위에 상자를 올린다. 추가 상자의 바닥 한가운데 늘어질 것이다. 하지만 상자를 조금 기울인다면, 추는 중앙에서 벗어날 것이다. 상자의 기울기가 45도가 되면 추는 바닥 끝부분에 늘어지게 된다. 메트로폴리탄 대성당의 추

땅

가 이런 역할을 한다. 기초가 기울어져도 추는 수직을 유지한다. 시간이 지남에 따라 추가 어디에 위치해 있는지를 알면 대성당의 기울기를 모니터링할 수 있다.

1910년에는 극단적인 변형을 겪고 있는 두 모퉁이의 높이를 비교하기 위해 측량이 이뤄졌다. 엔지니어들에 따르면, 1573년부터 한쪽 모퉁이의 바닥이 다른 쪽의 바닥과 2.4미터나 차이를 보였다. 이렇게 극단적으로 기울어진 건축물은 상상하기 힘들다. 낭연히 이 정도의 기울기는 대성당의 외관에도 손상을 입혔다. 1990년대까지 종탑은 불안하게 기울어졌고 붕괴 위험도 있었다.

1993년에 주요 복원 프로젝트가 시작됐다. 오반도셸리 박사는 이 프로젝트에 참여한 엔지니어 팀의 일원이었다. 그들은 대성당이 가라앉는 것은 막을 수 없다는 사실을 받아들였다. 다만 성당이 고르게 가라앉는다면 피해는 줄어들 것이었다. 그들은 대성당 전체를 보강해 상대적으로 평평하게 만들어야 했다.

투어는 계속되었고 이제 우리는 돔을 벗어나 대성당의 뒷부분으로 갔다(184쪽 지도의 C지점). 이곳에서 바로크 시대의 왕을 위한 황금 제단의 장엄함은 천장까지 희미하게 이어져 있었다. 손으로 조각한 복잡한 인물들이 가득 덮여 있었다. 오감에 강렬한 인상을 남기고 경배하는 마음을 불러일으키는, 예배에 최적화된 벽이었다. 확실히 경외심을 불러일으켰다.

하지만 나는 제단 바로 왼쪽 기둥 위에 있는 작은 금속 장식 못에 완전히 혼을 빼앗긴 채 꼼짝하지 못했다. 대성당을 얼마나 움직여야 할지 알아내기 위해 오반도셸리 박사 팀이 바닥의 높낮이를

빌트

측정하고 비교할 때 이 점을 참조했다. 선택된 기준점(더는 가라앉지 않아야 하는 점)은 남서쪽 모퉁이였다. 이곳이 그동안 가장 많이 가라 앉은 부분이기 때문이다. 내가 보고 있던 금속 장식 못은 대성당의 북쪽 끝에 있었고, 남서쪽 모퉁이에 맞추려면 몇 미터나 아래로 들어가야 했다. 생각하는 것만으로도 어지러웠다. 오반도셸리 박사가 대성당의 높이를 조절하기 위해 어떤 기술을 썼는지를 설명하는 내내 어지러웠다. 그리고 SF 블록버스터 영화인 〈아마겟돈〉이 떠올랐다. 그 영화에서 브루스 윌리스가 이끄는 팀은 소행성이 지구와 충돌하지 못하도록 구멍을 내서 폭발시켜야 했다. 대성당을 맡은 엔지니어들이 고안한 계획 역시 영화 속의 임무만큼이나 불가능해 보였다. 그들은 대성당 아래에 굴을 파서 토양을 안정화시켰다. 건물을 '안정화시키기 위해' 건물 아래의 흙을 '제거한다'는 생각은 직관에 반하는 것처럼 보인다. 하지만 이런 예외적인 토양 상태를 고려해보면, 예외적인 공학이 필요할 수밖에 없었다.

앞서 이야기했듯, 흙은 결코 단순하지 않다. 흙이 미래에 어떻게 될지 예측하기 전에 흙의 역사를 알아보자. 오반도셸리 박사 팀은 대상지 모든 곳에서 다양한 토양 실험을 실시함으로써 토양이 정확히 얼마나 강하고 약한지, 얼마나 굳어 있는지(또는 압축력을 얼마나 받았는지)를 알아보았다. 연구팀은 이런 측정 정보를 컴퓨터 모델에 넣어 각 층을 서로 다른 색으로 입힌 3차원 지도를 그렸다. 특정 깊이에서 토양의 강도와 종류에 따라 굽이치고 겹쳐진 형태의 지도였다. 이 모델은 아즈텍 시대의 사원과 스페인 사람들의 대성당 건축부터 호수의 깊이 변화에 이르기까지 토양에 영향을 미친 여

땅

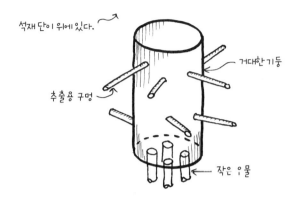

석재 단이 위에 있다.

거대한 기둥

추출용 구멍

작은 우물

거대한 기둥으로부터 방사형으로 뻗어 나온 추출용 구멍.

러 역사적 사건도 시뮬레이션해 땅의 상태를 밝혀냈다.

오반도셸리 박사 팀은 그 뒤 구멍을 뚫어 원기둥 모양의 기둥 32개를 심었다. 지름 3.4미터에 길이는 14~25미터인 기둥이 성당이 세워진 원래의 석재 단을 통해 땅속으로 들어갔다. 땅을 파는 작업은 수고스럽게도 손으로 진행되었다(좁은 공간에서 사람이 땅을 파는 일은 어렵기도 하고 위험하기도 했다). 아래로 내려가면서 구간별로 구멍의 가장자리를 따라 고리 모양으로 콘크리트를 쳐서 흙이 제자리를 지킬 수 있도록 튜브를 만들었다. 기둥을 완성한 뒤에 튜브 안에 두 번째 콘크리트 층을 쳐서 구멍이 자체의 하중에 무너지지 않게 했다. 각 기둥의 기초 부분에는 네 개의 작은 우물을 내서 넘치는 지하수를 퍼낼 수 있게 했다. 그냥 두면 지하수가 기둥 내부에 차올라서 결국 넘칠 것이기 때문이었다.

하지만 이 기둥들이 대성당을 구한 것은 아니었다. 이 기둥들은 1500개의 구멍을 내기 위한 수단이었을 뿐이다. 이 구멍들은 수평

빌트

에서 약간 기울어 있었고, 주먹 하나가 들어갈 지름에 길이는 6∼22 미터였다. 이 구멍들을 통해서 흙을 빼낼 수 있었다. 계획에 따르면, 흙을 제거한 뒤에 이 구멍들은 자연스럽게 닫히게 되고, 대성당의 기초는 안정화된다.

대성당의 북쪽이 가장 높기에 가장 많이 가라앉아야 했다. 그래서 여기서 가장 많은 흙을 파냈다. 반면 남서쪽 모퉁이에서는 훨씬 적은 양을 파냈다. 북동쪽의 기둥 하나에서는 300세제곱미터 이상의 흙이 나왔다. 반면 남서쪽의 기둥 하나에서는 11세제곱미터의 흙이 나왔다. 이렇게 역사적인 대성당의 깊은 지하를 거미줄처럼 수놓은, 기둥과 터널로 구성된 광대한 미로를 통해 150만 번에 걸쳐 4220세제곱미터의 흙을 파냈다. 올림픽 수영 경기장의 1.5배 정도를 채울 분량이었다.

이렇게 토양을 제거하는 작업은 조심스럽고 신중하게 단계별로 오랜 시간(4년 반)에 걸쳐 이뤄졌다. 그동안 대성당의 높이는 엄격하게 측정되었다. 대성당 내부의 아치와 기둥은 갑작스럽고 예측하지 못한 큰 움직임에 의한 피해를 막기 위해 강철 보와 버팀목으로 지탱됐다. 한편, 토양 시료도 지속적으로 수집됐다. 토양의 단단함과 수분 함량을 평가하기 위해서였다. 이 수치를 컴퓨터 모형과 비교함으로써 현실과 예측을 맞추어갔다.

북동쪽과 남서쪽 바닥의 높이 차이는 2미터 이상이었다. 하지만 1998년 북쪽 끝이 1미터 이상 내려앉으면서 기초의 기울기가 약간 바뀌었다. 엔지니어들은 건물에 피해가 갈 것을 걱정하기 시작했다. 탑의 기울기는 안전하다고 여겨지는 수준으로 되돌아왔다. 그

동안 작업은 중단되었다.

거대한 기둥은 구멍이 뚫린 채로 방치되었다. 이곳들은 이제 지하수가 넘치는 상태다. 하지만 미래에 필요해지면, 그러니까 다시 대성당이 기울어지게 되면 물을 펌프로 빼내고 더 많은 흙을 제거할 것이다. 지금 당장은 대성당을 그냥 토양에 맡겨두었지만, 이번에는 계속 지켜본다는 것이 과거와는 다른 점이다.

대성당 주변의 전략적인 지점에는 유리 상자에 담긴 네 개의 추가 자리 잡고 있다. 이들은 무선으로 이탈리아의 연구실에 데이터를 전송한다. 연구실의 엔지니어들은 건물을 관찰한다. 압력을 완충하는 장치가 기둥의 하중을 모니터링함으로써 이들이 지나치게 변하지 않았는지 확인하는 것이다. 하중의 변화는 건물이 다시 기울고 있다는 뜻이다. 이 경우 특정 기둥이 다른 기둥에 비해 더 많은 압축력을 받게 된다. 오반도셸리 박사에 따르면 대성당은 거의 20년 동안 데이터를 수집해온 실험실이다. 대성당은 미사의 장소일 뿐만 아니라 과학의 현장이 됐다.

1990년대 이후 대성당은 매년 60밀리미터에서 80밀리미터씩 가라앉고 있다. 과거에 비해서는 느리고 일정한 속도다. 무엇보다 전체적으로 균일하게 가라앉고 있다. 이런 움직임은 미래에도 계속될 것이다. 하지만 시간이 지나면 점차 느려질 것이다. 엔지니어링 분야의 인디아나 존스가 유물을 구해냈고 임무를 성공적으로 수행했다. 멕시코시티의 메트로폴리탄 대성당에 아마겟돈은 없었다.

이 엔지니어 팀의 기념비적인 작업은 전 세계적인 연구 주제가 되었다. 1999년 엔지니어들은 이탈리아 피사의 사탑에도 같은 방법을 적용했다. 멕시코시티에서 엔지니어들은 최악의 상황을 겪었다. 토양의 상태는 대단히 열악했고 대성당은 무척 거대한데다 변화가 많았다. 하지만 이 어려운 임무 덕분에 인류는 미래의 엔지니어들이 사용할 소중한 지식을 얻을 수 있었다. 특히 문화유산을 지켜줄 지식을 얻었을 뿐만 아니라 인구 증가와 기후 변화에 따른 악조건 속에서 어떻게 건물을 지어야 할지도 배웠다.

대성당을 모두 둘러본 오반도셸리 박사와 나는 점심을 먹기 위해 밖으로 나와 소칼로 광장을 가로질렀다. 공들여 설계하고 장식했지만 바닥이 기울어진 건물들이 광장을 둘러싸고 있었다. 내가 건물의 문틀을 사진으로 찍기 위해 걸음을 멈출 때마다 오반도셸리 박사는 참을성 있게 기다려주었다. 원래 직사각형이었던 문틀이 사다리꼴로 찌그러져 있었다.

웨이터가 소칼로 광장이 굽어보이는 테라스로 열어 있는 마르가리타를 내왔다. "흙은 주목받는 영예로운 대상은 아니죠. 그건 지반공학자도 마찬가지고요." 오반도셸리 박사가 내 잔에 자신의 잔을 부딪치며 말했다. 그러곤 큰 소리로 웃었다. 하지만 나는 그야말로 가장 영예로운 사람이라고 생각했다. 그의 엔지니어 팀이 아메리카 대륙에서 가장 큰 성당을 지켜냈으니까 말이다. 게다가 그는 내게 점심으로 치킨 몰레(mole)까지 사주었다(몰레는 고추, 카카오 등으로 만든 멕시코의 매운 양념이다. 하지만 같은 철자의 영어 단어에는 터널 등을 뚫는 굴착기라는 뜻도 있다. 지반공학을 다룬 이번 장을 마무리하는 동시에 터널 기술을 다루는 다음 장을 예고하고 있다 – 옮긴이)!

땅

9

지하

Hollow

우리 발밑의 도시가
만들어지기까지

Thame

Tideway Tunnel

2000 BC   100 AD   1311   1889   1928   2010

우리가 사는 집은 보통 여러 재료가 혼합되어 지어졌다. 물질을 모으고 조합해서 무에서 유를 창조해내는 것이다. 하지만 재료 없이 다른 방식으로 보금자리가 세워진 곳이 있다. 바로 드문드문 풀이 난 스텝 지역이다. 이곳에서는 유에서 무가 만들어진다.

자연스럽게 나는 이곳에 큰 호기심을 느끼게 되었다. 어느 날 정신을 차리고 보니 온통 검은 것에 둘러싸인 채 목을 길게 빼고 눈은 잔뜩 긴장시키고는 '내가 대체 어디에 있는 거지?'라고 생각하고 있었다. 이상한 일은 아니었다. 내가 깊은 지하에 있다는 것은 알고 있었다. 나는 빙글빙글 도는, 대단히 가파른 돌계단을 몇백 개나 걸어 내려왔다. 그곳에서 고대의 거실과 주방, 그리고 죽음의 함정을 만났다.

금방 깨달은 것은 내가 작은 관 모양의 통로에 있다는 사실이었다. 통로의 넓이는 움츠린 내 어깨나 지상에서의 내 보폭 정도였다. 내가 다시 입구로 되돌아가기 위해 돌아설 만큼의 공간이 있는지도 알 수 없었다. 축축한 베이지색 돌이 바로 앞에 있었다. 하지만 내 휴대전화에서 나오는 빛으로는 그 너머의 어둠을 비출 수 없었다. 나는 머리가 부딪히지 않도록 주의하며 통로 앞을 가늠했다. 한참의 시간이 흐른 뒤에야(아마 실제로는 1, 2분 뒤였을 것이다) 나는 빛이 비치는 작은 동굴에 들어서며 안도했다. 바닥에 움푹 파인 기다란 직사각형이 있었다. 한때는 절대 바깥에 나갈 수 없었던 유물을 품고 있던 자리였다.

나는 오늘날의 터키에 해당하는 아나톨리아 지역 한가운데 있는
고대 지하도시인 데린쿠유에 있었다. 고대 지하도시들 가운데 가장
깊은 곳에 가장 크게 지어진 곳 가운데 하나였다. 미궁 같은 이곳은
주변의 세 화산들 덕분에 건설될 수 있었다. 에르지에스(Erciyes),
하산(Hasan), 그리고 멜렌디즈 다글라리(Melendiz Daglari)다. 이들
은 3000만 년 전에 격렬하게 분출해 이 지역을 10미터 높이의 재
로 덮었다. 그 위로 흘러내린 용암이 재와 결합해 응회암을 형성했
다. 이 지역은 폭우가 많이 내리고 기온차가 심한 기후였다. 이런
기후와 봄마다 녹아내리는 눈이 부드러운 응회암을 점차 침식시켜
서 나중에는 기둥 모양의 암석만 남았다. 부드러운 응회암층 위에
위치한 단단한 용암층은 침식되는 속도가 느렸기에 거대한 화산암
이 재로 만들어진 가느다란 기둥 위에 불안하게 올라탄 버섯 같은
모습을 띠게 되었다. 이렇게 초현실적인 모습 덕분에 이런 암석들
은 '요정의 굴뚝'이라는 이름을 얻게 되었다. 하지만 이런 이상한
경관은 더욱 이상한 땅속 경관의 맛보기일 뿐이었다.

지리적으로 아나톨리아는 동양과 서양의 길목에 자리 잡고 있었
다. 소용돌이치는 역사 속에서 아나톨리아는 문명 간의 전쟁터가
되어왔다. 기원전 1600년경에 히타이트 사람들이 이곳을 차지했
다. 이어 로마와 비잔틴제국 그리고 오스만제국이 차례로 이곳을
차지했다. 분쟁이 끊이지 않았다는 것은 이곳이 늘 위협에 직면해
있었다는 뜻이다. 히타이트인들은 재가 압축되어 쌓인, 발아래의
두꺼운 층이 상대적으로 부드럽다는 사실을 알게 되었다. 망치와
정으로 얼마든지 파낼 수 있을 만큼 말이다. 히타이트인들은 지상

용암으로 구성된 단단한 층

부드러운 '응회암'

용암이 굳어진 단단한 층이 재로 만들어진 가느다란 기둥 위에 불안하게 올라가 있다.
그래서 이런 암석은 '요정의 굴뚝'이라는 이름을 얻게 되었다.

에서 전투가 벌어지는 동안 숨어지낼 지하 동굴과 터널을 건설하기 시작했다. 각각의 문명이 히타이트인들을 따라 지하 터널을 더해갔고, 결국 4000명이 한 달간 살 수 있는 도시가 건설되었다. 거의 3000여 년간 수백 개의 지하도시가 이 지역에 건설됐다. 대부분은 작았지만, 36개의 지하도시는 최소 2, 3층으로 이루어져 있었다.

데린쿠유가 그렇듯이, 이런 지하 공간은 개미집과 같은 구조였다. 평범한 건물처럼 방 위에 또 다른 방이 지어지지 않았다. 그러면 재가 약해져서 무너지기 때문이다. 대신 방은 무작위로 만들어지며, 넓은 지역에 흩어져 있었다. 방 위의 아치 모양 천장과 통로는 돌이 압축력을 받아 안정적으로 존재할 수 있게 하는 최적의 구조로서, 아래쪽으로는 절대 무너지지 않았다. 지표에서 시작되어 최대 80미터 지하로까지 이어지는 환기용 기둥이 신선한 공기를 공급해주었다. 도시는 적의 공격을 막을 수 있도록 설계되었다. 커

지하

다란 돌문(굴릴 수 있었다)으로 적의 침입을 막기도 하고, 깊은 구덩이로 적을 함정에 빠뜨리기도 하며, 문들 뒤에 좁은 방을 만들어 주민들이 매복하게도 했다. 지하도시의 주민들은 적이 덫을 모두 피했을 경우에 대비해 도시를 연결하는 길고 좁은 터널을 만들었다. 길이가 무려 8킬로미터에 달하는 터널이었다.

나는 데린쿠유에서 생명의 위협을 느끼며 몇 달씩 살지 않아도 된다는 사실에 큰 안도감을 느꼈다. 하지만 사실 나 역시 상당한 시간을 지하에서 보냈었다. 일을 시작한 이후 5개월 이상을 런던의 진흙 밑에서 살았다. 지하철을 타고 출퇴근을 했으니 말이다. 다른 수백만 명의 사람들과 마찬가지로, 마치 정어리처럼 지하철 안에 차곡차곡 실린 채로. 그 덕분에 런던에서는 공간이 지나치게 귀하다는 불편한 사실을 다시 깨달았다. 도시가 집과 사무실, 보행 공간과 열차·전차(트램)·자동차·자전거가 다닐 공간을 충분히 제공하지 못한다. 상하수도, 전기선, 인터넷선을 위한 공간은 말할 필요도 없다. 결국 사람들은 옆으로 단순히 퍼져 나가는 대신 삼차원 공간에 살면서 위쪽이나 아래쪽에까지 뭔가를 건설해야 한다. 우리 발밑의 도시는 숨겨진 공학으로 가득하다. 하지만 런던 지하철을 가능하게 했던, 동맥 같은 지하 구조는 조악한 터널이 없었더라면 불가능했을 것이다. 데린쿠유의 경우 공간은 넓고 터널은 안전했다. 런던 같은 대도시의 경우 공간은 부족하고 터널은 그 해결책을 제시해준다.

1800년대 초만 해도 템스강을 가로지르는 다리는 런던교가 유일했다. 런던이 템스강 양안으로 매우 빠르게 확장해가는 대도시였음을 생각해보면, 대단히 실용성이 떨어지고 품은 많이 드는 상황이었다. 붐비는 도시에서 목적지를 찾아가려면 오랜 시간을 들여 숨 막히는 다리를 건너야 했다. 위험한데다 고통스럽도록 느린 여정을 거쳐야 했던 것이다. 게다가 통행세 때문에 비용도 발생했다. 이 모든 것이 사람들의 불만을 샀다. 1805년 로더히드의 공장과 와핑의 선착장을 직접 연결함으로써 이런 문제를 우회할 목적으로 회사가 세워졌다.

두 지점은 강을 사이에 두고 겨우 365미터 떨어져 있었지만, 사실 이 거리는 효율적으로 다리를 짓기에는 꽤 먼 거리이기도 했다. 그래서 한쪽에서 반대쪽으로 가려는 사람이나 물품은 런던교를 통과하는 6.5킬로미터의 험난한 경로를 이용해야 했다. 게다가 새로운 다리를 공장과 선착장 사이에 건설하면 상류로 가는 배가 더는 통행할 수 없었다. 이는 다리 건설을 막는 요인이었다. 런던의 활발한 경제활동에는 문제가 될 수밖에 없었기 때문이다. 유일한 선택지는 강 아래에 통로를 만드는 것뿐이었다. 문제는 리처드 트레비식(Richard Trevithick) 같은 운하 건설자와 발명가들이 이미 터널을 뚫으려고 했지만 성공하지 못했다는 것이었다. 새로 세워진 회사도 강 아래에 터널을 뚫으려고 했지만 역시 그다지 성공적이지 못했다. 엔지니어들이 좀조개로부터 영감을 얻어 해결책을 제시하기 전까지는 말이다.

마크 브루넬(Marc Brunel)은 1769년 프랑스 노르망디 지역에서 태어났다. 둘째 아들이던 그는 목사가 되려고 했지만, 성서보다는 그림이나 수학에 관심이 많았다. 결국 그는 목사가 되는 대신 해군에 입대했다. 프랑스혁명기인 1793년 그는 미국으로 건너가, 뉴욕시의 수석 엔지니어가 되었다. 1799년 영국 런던으로 이주한 그는 자신이 발명한 새로운 도르래 시스템을 사라고 해군본부를 설득하고 있었나. 그는 군대의 여러 프로젝트에 관여했나. 군화를 대량생산하는 시스템을 개발하거나, 채텀과 울위치 선착장에 제재소를 만든 것이 대표적이었다. 그러다 그는 템스 터널 사에 (그곳 사장들에게 열정적으로 로비한 뒤) 큰 관심을 갖게 되었다. 그가 발명한 굴착 기계가 있었기 때문이었다.

평소 브루넬은 주머니에 확대경을 넣고 다녔다. 채텀 선착장에서 일할 때, 그는 전투선의 선체에서 분리된, 파손된 목재 조각을 주웠다. 좀조개(Teredo navalis)가 잘라낸 조각이었다. 이후 그는 좀조개의 행동을 가까이에서 관찰하기 시작했다. 좀조개는 면도날처럼 날카롭고 껍데기처럼 단단한 두 개의 '뿔'을 머리 꼭대기에 달고 있다. 좀조개는 이 뿔을 움직여서 자신의 진행 방향에 있는 나무를 갈았다. 작은 좀조개는 가루가 된 나무를 먹고 자신이 방금 만든 공간으로 2~3밀리미터씩 꿈틀꿈틀 나아갔다. 나무 가루는 좀조개의 몸 안에서 소화가를 통과하는 동안 효소 및 화학물질과 결합하고, 좀조개는 이 혼합물을 배설하여 자신이 방금 떠나온 작은 터널의 표면에 얇은 풀 같은 것을 발랐다. 좀조개의 배설물은 공동 안의 공기에 노출되면 더욱 단단해졌고 덕분에 터널도 무너지지 않았다. 느리지만 확실히 좀조개는 앞으로 조금씩 나아갔다. 나무를 먹고 배설을 하여 표면에 배설물이 입혀진 튼튼한 터널을 남기면서 말이다.

강 아래에 터널을 지으려는 노력들에 대해 전부 알고 있었던 브루넬은 자신의 아이디어를 작업에 활용했고, 새로운 계획을 세우기에 이르렀다. 그는 자신이 관찰한 것을 적용하면 모두가 실패했던 곳에서도 성공할 수 있다는 사실을 알았다. 그는 자신만의 좀조개를 만들기 시작했다. 앞으로는 터널을 뚫고 뒤로는 터널의 표면을 강화하는, 철로 만든 거대한 기계였다.

브루넬의 아이디어는 이랬다. 이 기계는 좀조개처럼 두 개의 날을 지녔다. 다만 크기가 사람 키의 두 배에 달했다. 날은 철제 튜브 끝에 달려 있었다(선풍기를 조금 닮았지만 겉을 둘러싼 철망이 없다). 사람들이 날을 돌려서 기계가 흙을 '먹게' 했다. 그러고 나면 수압 잭이 튜브를 앞으로 밀었다. 날로 잘라낸 흙은 나무 가루를 배출하는 좀조개처럼, 사람이 뒤쪽으로 날랐다. 튜브가 앞으로 움직이면 둥근 고리 모양으로 흙이 배출되었다. 벽돌공들이 이 부위를 벽돌로 둘

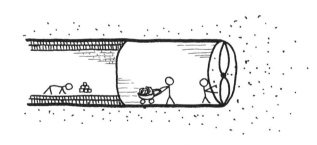

브루넬의 좀조개.

러쌌다. 서로 잘 붙도록 사이사이에 속건성 모르타르를 바른 벽돌이었다. 좀조개가 배설물로 터널 주변을 감싸는 것과 매우 비슷했다. 날을 돌리고 흙을 제거한 다음 벽돌을 쌓는 과정은 튜브형의 튼튼한 터널이 완성될 때까지 반복된다.

브루넬은 이 기계를 만들고 나서 땅을 파기에 적합한 재료를 찾아야 했다. 분명 다른 재료보다 땅을 파기에 유리한 재료가 있었다. 마른 모래를 생각해보자. 눙는 케이크 틀을 모래로 채운 다음 절반을 떠내 반원을 만들어보자. 불가능할 것이다. 모래 알갱이는 방금 비워진 공간으로 그냥 무너질 것이기 때문이다. 마찬가지로 젖은 모래의 경우에도 모래에 섞인 액체가 모래를 흘러내리게 해서 방금 비워진 공간을 모래로 채울 것이다. 런던은 5000만 년 된 점토층 위에 세워졌다. 만약 이 점토층이 토양층 아래에서 잘 압축되어 다져지고 수분도 너무 많이 함유하지 않았다면, 아주 안정적인 지층이 될 수 있다. 엔지니어의 관점에서 일하기 좋은 지층이다. 쉽게 잘리고, 잘 무너지지 않기 때문이다. 좋은 점토(단단히 다져지고 수분이 적은)를 원형 케이크 틀에 넣고 절반을 제거하면 정확히 반원의 모양이 남는다. 하지만 런던의 점토는 상태가 매우 다양했다. 모래 알 같고 약하며 수분이 많고 일관성도 없는 곳이 있었다. 브루넬의 발명이 빛을 발하려면, 좋은 점토층이 필요했다.

그는 토목공학자 두 명을 고용해 땅이 어떤 점토로 이루어져 있는지 자세히 조사하게 했다. 토목공학자들은 보트에서 노를 저으며, 50밀리미터 굵기의 쇠파이프로 강바닥을 찔렀다. 그러고는 파이프를 끌어올려서 파이프 안에 남아 있는 흙을 살펴보았다. 그런

식으로 흙이 깊이별로 어떻게 다르며, 각각의 층이 어느 정도의 두께인지 확인했다. 여러 달의 조사 끝에 토목공학자들이 브루넬에게 결과를 보고했다. 토양이 좋아 별문제 없이 그의 계획을 실현할 수 있을 것으로 예측됐다. 하지만 그가 발명한 기계를 작동시키려면 우선 깊은 땅속으로 파고 들어가야 했다.

1825년 3월 2일, 로더히드의 성모교회(St. Mary's Church)에서 종이 울리자 수많은 군중이 보기 드문 광경을 지켜보기 위해 카우코트로 향했다. 마당에 지름 15미터에 무게가 25톤이나 나가는 거대한 철제 고리가 놓여 있었다. 런던에서는 누추한 편인 이 지역에 잘 차려입은 신사숙녀가 모였고, 관악단이 음악을 연주했다. 군중의 환호성 속에서 마크 브루넬이 가족과 함께 입장하더니 자신이 만든 철제 고리 꼭대기에 은빛 모종삽으로 첫 번째 벽돌을 올렸다. 브루넬은 아들 이삼바드에게 돌아섰고, 아들이 두 번째 벽돌을 올렸다. 이어 연설과 연회가 이어졌다. 이날 시작되는 템스 터널 공사의 인문적, 과학적 의미를 기리는 말이 계속됐다. 흥에 취한 군중은 몇 달 뒤에 과학이 얼마나 큰 시련에 직면하게 될지 미처 모르고 있었다.

그날 사람들이 목격한 철 구조물은 쿠키를 자르는 칼의 날카로운 끝부분과 닮아 있었다. 시멘트와 잡석 층으로 분리된, 두 개의 원형 벽돌 구조물이 철제 원형 구조물 꼭대기에 놓여, 약 13미터 높이의 튜브형 탑을 형성했다. 이 구조물 위에 건축가는 또 다른 철제 원형 구조물을 올렸다. 두 개의 벽돌 벽과는 쇠막대로 연결됐다. 증기 엔진이 1000톤의 구조물 위에 붙어 있어서 물을 퍼내고 흙을 제거했다.

지하

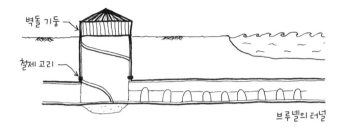

벽돌 기둥

철제 고리

브루넬의 터널

런던 템스강 아래에 터널 뚫기.

쿠키 자르는 칼을 사용할 때는 팔 근육의 힘을 이용해 반죽 안으로 칼을 밀어 넣어야 한다. 하지만 브루넬의 아이디어에 따르면, 그의 벽돌 자르는 칼은 자체의 무게로 땅속에 가라앉는다. 무게가 너무나 무겁다 보니 부드러운 토양을 자연스럽게 통과하는 것이다. 벽돌 기둥은 하루에 2, 3센티미터씩 가라앉는다. 벽돌 기둥이 완전히 가라앉으면 흙을 원기둥의 중간에서 파냈다. 쿠키 자르는 칼의 중간에서 반죽을 제거하는 것과 아주 비슷하다.

벽돌 기둥이 최종 목적지에 도달하면 갱부는 기초를 만들기 위해 하단 철제 고리의 6미터 아래에 또 다른 구멍을 판다. 이 공간에서 벽돌공이 축의 세 면과 바닥을 채우되, 한쪽 면은 벽돌을 쌓지 않고 그냥 열어두었다. 이곳으로 브루넬의 '벌레'가 들어가 터널을 파게 된다.

그사이 브루넬은 깨달았다. 날을 쉽게 회전시키는 좀조개와 달리, 인간은 자신이 만든 굴착 기계의 날을 돌릴 만큼 힘이 없다는 사실을. 그 힘을 공급하려면 증기기관을 붙일 수밖에 없었다. 하지만 브루넬에게는 새로운 생각이 떠올랐다. 기계를 36개의 작은 장

'더 실드.' 브루넬과 인부들은 이 거대한 기계로 땅속을 팠다.

치로 나누는 것이었다. 각각의 장치는 한 사람이 일하기에 적당한 크기였다. 브루넬은 이 거대한 기계에 '더 실드'(The Shield, 방패)라는 이름을 붙였다.

여기에는 12개의 철제 프레임이 들어간다. 각각 6.5미터 높이에 폭은 910밀리미터이고 깊이는 1.8미터였다. 각각의 프레임은 세 '공간'으로 나뉘어 있었는데, 하나의 공간 위에 그다음 공간이 놓이는 식으로 지어졌다. 12개의 프레임은 36개의 공간을 지닌 큰 귀틀지정(grillage)을 이루었다. 각각의 공간에는 한 명의 인부가 들어갈 수 있었고, 이들이 더 실드를 운전했다. 인부들의 양옆에는 긴 막대가 놓여 있어서 바닥부터 천장까지를 일정한 간격으로 구획했다. 여기에 15개 정도의 널빤지가 인부 바로 앞에 차곡차곡 쌓인 채로 더 실드의 앞까지 이어졌다.

지하

(1, 3, 5, 7, 9, 11…처럼) 홀수 번호가 붙은 프레임의 인부들이 동시에 일했다. 그들의 임무는 나무판자 하나를 제거하는 것이었다. 나무판자를 제자리에 고정시키는 두 개의 쇠막대를 제거하고 흙을 정확히 4.5인치(약 11.4센티미터-옮긴이)만큼 파낸 다음 해당 판자를 다시 세우고 쇠막대로 지탱해준다. 이런 과정을 18개의 공간에서 반복한다. 이제 인부들이 앞에 놓인 흙을 파내고 더 실드 뒤의 잭이 공간을 4.5인치 앞으로 밀어낸다.

이 단계에서 홀수 프레임은 짝수 프레임보다 4.5인치 앞으로 나와 있다. 이제 짝수 프레임 안에 있던 인부들이 쇠막대를 조정하고 나무판자를 제거하고 흙을 파낸 다음 나무판자를 새로운 위치에 고정시키는 과정을 진행한다. 인부들이 일을 마치면, 짝수 프레임이 앞으로 나아간다. 더 실드 전체가 정확히 벽돌 한 층에 필요한 거리인 4.5인치만큼 앞으로 나아간다.

더 실드의 뒤에서는 또 다른 소동이 일어난다. '내비'(navvies, 운하와 도로, 철길을 짓는 근로자를 일컫는 말로 '내비게이터'에서 유래했다)가 파낸 흙을 바퀴 달린 손수레로 제거하는 것이다. 벽돌공이 나무판자 위에 서서 더 실드가 앞으로 나아가며 만들어낸 4.5인치의 간극에 벽돌을 쌓았다. 그들은 매우 빨리 마르고 대단히 강한, 순수한 로마 시멘트를 썼다. 브루넬이 시멘트로 이어붙인 벽돌 블록을 키 높이에서 떨어뜨렸는데도 깨지지 않을 정도로 단단한 시멘트였다. 그는 인부들에게 벽돌 블록을 망치와 끌로 치라고도 했다. 벽돌에는 금이 갔지만 시멘트는 멀쩡했다. 브루넬은 이 시멘트를 터널 전체에 사용하기로 했다. 비록 가격이 어마어마했지만(순수한 시멘트

가루를 생산하는 데는 많은 에너지가 든다는 사실을 기억하시길. 시멘트에 다른 접합재를 넣으면 강도가 떨어진다).

당시 터널에서 일하는 것이 어땠을지 상상해본다. 건설 현장에 발을 디디도록 허락받기 전에 나는 시험을 보고, 건강검진과 안전 훈련을 받았으며, 보호복을 입어야 했다. 나는 살아나오지 못할 거라는 걱정 없이 내 일을 신중히 검토했다. 하지만 빅토리아 시대의 터널은 다르다. 인부들의 땀 냄새와 더불어 수지가 타면서 나는 연기와 가스 때문에 숨쉬기가 힘들다. 터널 안에서 때때로 나타나는 인부들은 콧구멍 주변에 검댕이 칠해져 있었다. 때로 흙 안에 갇혀 있던 가스가 갑자기 방출되기 때문에 만약 램프가 근처에 있다면 불이 붙고 폭발할 수도 있었다. 공기는 눅눅하고 온도는 두세 시간 만에 30도씩 오르락내리락한다. 엄청나게 시끄럽기도 했다. 벽돌공이 벽돌을 달라고 외치는 소리, 쇠막대가 쩔렁거리는 소리, 나무판자들이 덜컥거리는 소리, 징이 박힌 부츠가 바닥에 부딪치는 소리가 터널 전체에 울린다. 브루넬은 극도의 피로감에 시달렸고 효험이 있는 유일한 처방을 받았다. 이마에 거머리를 붙여서 피를 빨아먹게 하는 것이었다.

당시 20대 초반이던 브루넬의 아들 이삼바드는 공사 현장을 움직이는 주요 엔지니어로서 없어서는 안 될 존재였다. (브루넬의 큰딸 소피아는 기업가인 암스트롱 경으로부터 '브루넬의 페티코트'라는 별명을 얻었다. 마크 브루넬이 특이하게도 딸에게 공학을 가르쳤기 때문이다. 어린 시절 소피아는 수학과 기술 그리고 공학 분야에서 남동생보다 뛰어난 자질을 보여주었다. 하지만 여성이 엔지니어가 될 수 없었던 당시에 여성으로 태어난 것은 불운

지하

이었다. 그녀는 위대한 엔지니어였지만, 우리는 역사 속에서 그 엔지니어를 영원히 가지지 못했다.) 하지만 이삼바드는 아버지처럼 종종 아팠다. 게다가 상황도 점점 악화되었다. 토양의 상태는 예상하지 못하게 나빠졌고 자금은 바닥났다. 어느 순간, 모든 공사가 중단됐고 벽돌을 두른 터널도 더 실드와 함께 닫혀버렸다. 브루넬은 6년간 영국 재무부를 설득해 프로젝트에 돈을 더 투자하게 했다. 회사 측은 브루넬의 방법에 사사건건 반대했다. 그들은 안전에 필요한 장비를 들여주지 않았고 위험을 감수하고라도 빨리 일을 마치길 바랐다. 하지만 가장 큰 문제는 홍수였다. 브루넬이 터널 건설을 계획하면서 염두에 두었던 '좋은' 점토는 안정적이지 못했고 때로는 완전히 사라져버리곤 했다. 특히 강 바로 아랫부분에서 그랬다.

템스강은 기본적으로 거대한 하수도다. 런던의 폐수(그리고 도시에서 발생하는 시체 다수)가 템스강에 버려졌다. 강바닥의 토양은 수분이 매우 많고 질이 나쁘다. 터널은 강의 몇 피트(1피트는 약 30센티미터-옮긴이) 아래, 그러니까 강바닥 바로 아래에 만들어지고 있었다. 수분이 많고 질이 나쁜 바로 그 토양층이었다. 더 실드가 앞으로 나아가 땅을 파면 흙이 예상보다 더 많이 사라지곤 했다. 더 실드와 벽돌 터널 사이의 강바닥(하상)에도 약점이 있었다. 특히 토양이 나쁘면 터널이 무너져서 강물이 들어올 수 있었다.

이런 일이 처음 벌어졌을 때는 이삼바드가 동인도회사에서 다이빙벨(두 명을 싣고 물속에 들어갈 수 있는 작은 공간)을 빌려와 문제를 해결했다. 이삼바드는 다이빙벨을 타고 강바닥으로 내려가 물이 새는 부위를 찾고 그곳에 쇠막대를 가로로 놓은 다음 점토가 담긴 주머

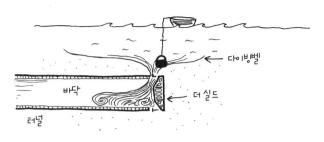

터널의 범람과 다이빙벨을 이용한 누수 막기.

니를 쌓았다. 그러고는 물을 퍼낸 뒤, 굴착 작업을 재개했다.

하지만 이것은 많은 사람을 죽음에 이르게 했던 네 번의 대형 홍수 가운데 첫 번째에 불과했다. 이삼바드도 죽음의 문턱에서 가까스로 살아나왔다. 그는 최초의(마지막이 아니었다) 뇌출혈을 겪고 몇 달 동안 현장을 떠나야 했다.

그럼에도 19년의 작업 끝에 1843년 터널이 완공됐다. 약간의 입장료를 낸 사람들이 터널 기둥에 설치된 나선형 계단을 타고 터널로 내려왔다. 가운데 늘어선 기둥들이 거대한 벽돌 아치를 받치고 있었다. 가스등이 복도를 비추는 가운데 증기기관으로 움직이는 이탈리아 오르간이 음악을 연주했다. 행상인들이 벽돌벽 한구석에서 음료수와 기념품을 팔았다. 1852년 제1회 템스강 터널 축제 (Thames Tunnel Fancy Fair)가 열렸다. 불을 먹는 공연자, 인도 댄서, 중국 가수 등이 공연을 했다.

약 10년 뒤에 열차가 일상을 파고들었다. 터널에는 악평이 쏟아졌다. 사람들은 더는 축축한 터널로 걸어 들어가고 싶어 하지 않았다. 대신 빠르고 새로운 열차를 선택했다. 터널은 황량해졌고 술꾼들의 소굴이 됐다. 1865년 터널은 동런던철도사(East London Railway Company)에 넘어갔다. 1869년, 바닥에 철길이 깔리고 증기 기관차가 터널을 통과하기에 이르렀다. 오늘날 런던 오버그라운드 선(London Overground line, 그레이터런던과 근교를 운행하는 영국 철도-옮긴이)이 이 터널 안을 달린다. 마크 브루넬이 상상력을 발휘하여 파 내려갔던 로더히드 축(Rotherhithe shaft)이 최근 대중에게 개방되어 유명한 관광지가 되었다. 야트막한 둥근 탑으로 들어가면 동굴 같은 지하 방이 나타난다. 여기에는 일부 나선형 계단뿐만 아니라 군데군데 파이고 마모되고 얼룩진 벽이 남아 있다(벽들에는 벽의 안팎을 드나드는 검은 파이프들이 있었다). 이곳은 콘서트와 연극 공연을 하기에 더할 나위 없이 좋은 곳이다.

건설에 거의 20년이 걸렸지만, 완공 20년 만에 완전히 쓸모없는 곳으로 전락한 템스 터널은 실패작으로 보인다. 하지만 마크 브루넬의 상상력 넘치는 공학 덕분에 우리는 도시의 지하에 접근할 수 있게 되었다. 세계 최초의 지하철망인 런던 지하철은 마크 브루넬과 이삼바드 브루넬 부자의 작업이 존재했기에 가능했다. 그들은 아주 유동적인 토양에서 어떻게 구조물을 건설할 수 있는지를 증명해 보여주었다.

*

크로스레일(Crossrail, 런던의 새로운 열차 구간)을 건설하는 엔지니어들은 터널을 뚫기 위해 마크 브루넬이 최초로 고안했지만 성공적이지 못했던 아이디어를 현대화해 사용하고 있다. 브루넬은 거대한 날을 회전시키기에 충분한 힘을 구할 수 없었다. 하지만 오늘날에는 전기가 있다. 수동으로 작동시키는 기계 대신, 우리는 '터널 전단면 굴착기(TBM)'라는 기계를 쓴다. 말 그대로 뚫는 기계다.

TBM은 '바퀴 달린, 지하의 거대 공장'으로 묘사되곤 한다. 크로스레일의 TBM는 총길이가 런던 버스 14대를 이은 것과 맞먹는다. 맨 앞에는 회전하는 거대한 원형 날이 달려 있어서 앞으로 흙을 삼킨다. 복잡한 재킹 시스템(유압이나 나사 등으로 무언가를 밀어 올리는 장치-옮긴이)이 기계를 앞으로 밀어붙인다. 컨베이어벨트가 파낸 흙을 TBM 뒤로 날라 터널 밖으로 내보낸다. 레이저 유도 시스템(레이저를 이용해 나아갈 방향을 탐색하는 자동화 시스템-옮긴이)이 터널이 제 방향으로 뚫리도록 안내한다. TBM 뒤에서는 터널의 벽면을 만들기 위해 복잡한 팔 모양의 장치가 콘크리트를 둥근 고리 모양으로 바른다(강철이 이용되기도 한다).

공사를 시작하기 전에 TBM에 반드시 이름, 그것도 여성의 이름을 붙이는 재미있는 전통이 있다. 크로스레일을 건설할 때에는 두 개의 이름을 선정하기 위한 공모전이 열렸다. 가운데에서 서로 반대 방향으로 나아가며 방사상으로 작업할 두 대의 TBM이 필요했던 것이다. 철도가 발전한 시대에 영국을 통치한 여왕의 이름을 딴 빅토리아와 엘리자베스, 올림픽 선수의 이름을 딴 제시카와 엘리, 최초의 컴퓨터 프로그램을 만든 여성과 런던 A-Z 지도를 만든 여성의 이름을 딴 에이다와 필리스가 공모전에 나왔다. 하지만 가장 잘 어울리는 것은 위대한 터널 건설자인 이삼바드 브루넬과 마크 브루넬의 아내 이름을 딴 메리와 소피아일 것이다.

지하

10

물

Pure

물이 흐르기 전까지 건물은
아무것도 아니다

도시에서 관광객들이 건물 사진을 찍고 있는 모습을 보면 짜릿하다. 스스로 깨닫지 못할지도 모르지만 그들이 공학을 사랑한다는 뜻이기 때문이다. 사람들은 구부러진 캐노피와 기다란 실루엣 그리고 독특한 파사드 등 설계에 투영된 야망과 상상력에 감탄하고 반응하여 셀카봉에 장착한 휴대전화 속의 수많은 사진에 드라마틱한 배경으로 남겨둔다. 이것은 건축학적 드라마로, 공학이 얼마나 낭만적인지를 유감없이 보여준다. 하지만 공학의 실질적인 요소도 고려해야 한다. 바로 공학의 주요 요소에 해당하는 흙, 재료, 법 같은, 언뜻 보면 그리 흥미롭지 않은 것들 말이다. 건물이나 다리가 멋지게 보일 수도 있다. 하지만 실제로 만들어보면 덜 미학적이기 십상이다.

공학의 주요 요소인 물은 특히 영향력이 아주 크다. 물 없이 3일 이상 생존할 수 없는 인간에게는 기본적인 요구 조건이다. 내가 설계한 구조물은 뼈대다. 물이 흐르기 전까지는 아무도 살지 못하는 한낱 껍데기에 불과하다. 나는 다른 엔지니어들(기계, 전기, 공중보건 분야)과 협업해서 이 뼈대가 순환 시스템을 갖추게 한다. 뼈대를 가로지르는 통로를 만들고, 건물의 기초와 중앙 벽과 바닥이 펌프와 파이프의 무게를 견딜 만큼 튼튼한지 확인한다. 물의 동맥이 살아 움직여야 건물은 살기에 적합해진다.

우리가 사는 지구가 풍부한 물 덕분에 '푸른 행성'이라고 불리기는 하지만 사실 지표의 대부분을 덮고 있는 일렁이는 바닷물은 마

물

실 수 없다. 사람이 생존하려면 담수에 쉽게 접근할 수 있어야 한다. 하지만 문제가 있다. 담수는 많지 않다. 지구상에 있는 모든 물을 축구 경기장 크기에 비유하면, 지표면에 있는 담수호의 크기는 우리 집 소파에 있는 쿠션만 할 것이고 강의 면적은 찻잔 받침 정도가 될 것이다.

물을 찾는 것은 쉬운 일이 아니다. 많은 고대 도시가 강기슭에 세워진 이유다. 그러나 도시가 커지고 농경지가 점차 넓어지며 사람들이 수원지에서 점점 멀어지면서 물을 '운반'하는 일이 어려워졌다. 당연하게도 고대 사람들은 담수를 찾아내고 운반하기 위해 매우 기발한 방법들을 개발했다. 오늘날에도 엔지니어들은 기술적으로 어려운 이 과정을 해결할 방법을 마련하기 위해 열심히 노력하고 있지만, 여전히 세계 곳곳에서 커다란 난관에 봉착하고 있다.

*

그 시대의 다른 많은 사람들과 마찬가지로 고대 페르시아인들도 담수를 찾기 위해 고군분투했다. 이란 중앙에는 연강수량이 고작 300밀리미터에 불과한 몹시 건조한 고원이 있다. 이란 상공을 비행하다 보면 맹렬한 햇빛에 색이 바랜 사막이 아래에 펼쳐질 것이다. 그래도 종종 작은 마을과 도시 근처 또는 사람이 살지 않는 것처럼 보이는 사막 지역에도 모래에 '구멍'이 있음을 알아챌 것이다. 하늘 높은 곳에서 보면 그 구멍들은 내가 자란 뭄바이 해변을 뒤덮은 작은 게 구멍처럼 보인다(나는 종종걸음을 치는 생명체가 나타나길 기다리면서 오래도록 앉아 게 구멍을 쳐다보곤 했다). 그러나 이 구멍들은 깔끔하게 일직선으로 배열돼 있으며 실제로는 훨씬 더 크다. 다행히도 거대한 게가 만든 작품이 아니라 지난 2700년 내내 사람들이 파낸 것들이다. 오랜 세월 이 구멍들은 그곳에 살던 사람들의 생존에 필수적이었다.

이 구멍들은 페르시아 말로 '카리즈'(아랍어로는 '카나트')라고 불린다. 고대 페르시아인들이 땅 밑에서 생명력, 즉 물을 가져오기 위해 사용했던 시스템이다.

이 시스템이 어떻게 지어졌는지 보기 위해 2500년 전의 사막으로 이동해보자. '무콰니(muqanni)', 즉 인부가 언덕이나 경사면 근처에 물의 흔적이 있는지 살핀다. 그 흔적이란 아마도 부채꼴로 퇴적된 토양이나 식물 종류의 변화였을 것이다. 가능성이 보이는 장소에서 삽을 들고 지름이 약 0.5미터인 우물을 판다. 흙을 가죽 바구니에 가득 채운 다음 원치로 끌어 올린다. 인부는 타오르는 태양 아래에서 축축한 흙, 즉 지하수면이 가까워졌다는 신호가 나타나길 바라며 이 과정을 반복한다. 때때로 도구가 허락하는, 가장 깊은 곳까지 들어가지만, 아무것도 찾지 못한다. 어떨 때는 지하 200미터가 넘는 아주 깊은 곳에서 숨은 물을 발견하기도 한다. 이따금 단 20미터만 파고도 물을 찾기도 한다. 운이 좋은 날이다.

그러나 무콰니의 일은 이제 시작이다. 그가 찾아낸 물이 아주 적은 양이라서 금세 고갈될 가능성도 있기 때문이다. 그는 자신이 발견한 물이 쓸 만한지 확인해야 한다. 그래서 새로 판 우물에 양동이를 두고 며칠 동안 양동이에 물이 (만약 있다면) 얼마나 찼는지 확인한다. 매일 양동이가 가득 차 있다면 그는 금, 아니 그보다 가치 있

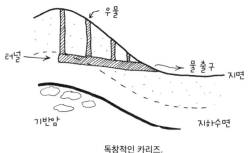

독창적인 카리즈.

는 발견을 했음을 깨닫는다. '대수층'(aquifer, 물을 함유한 지하층의 침투성 암석)의 표면을 찾아낸 것이다. 이제 그와 동료들은 언덕의 경사면을 따라 일직선으로 우물을 판다.

그들은 다림줄로 깊이를 재면서 각각의 우물을 바로 직전에 판 우물보다 조금 깊게 판다. 이렇게 우물을 일직선으로 파는 것이 이상해 보일 수도 있지만, 무콰니의 독창성이 바로 여기에 있다. 마을 인구는 2만 명이고 산비탈을 걸어 올라가 물을 길어 내려오는 것은 극히 힘든 일이다. 물론 전 세계 여러 곳에서 사람들이 이런 일을 하지만, 이곳은 지형(많은 구릉과 흙 종류) 덕분에 마을 사람들의 삶이 좀 더 수월해질 수 있다.

우물들이 완성되면 인부들은 하나의 우물 바닥에서 다음 우물 바닥까지 수평으로 터널을 파내 폭이 약 1미터, 높이가 약 1.5미터인 도관을 만든다. 사람이 걸어 다닐 만한 크기다.

이 터널은 각각의 우물 바닥과 합쳐져 완만한 경사를 이루며 산에서 물을 끌어올 것이다. 터널의 경사도는 중요하다. 너무 가파르면 물살이 너무 세고 빨라져서 토양이 침식되고 결국 무너져 내릴

빌트

것이다. 반면 경사가 너무 완만하면 물이 잘 흐르지 않을 것이다.

무콰니는 기름 램프로 터널 입구를 밝힌다. 그러고는 산을 오르면서 불꽃을 보고는 우물들이 일직선인지 확인한다. 기름 램프는 표식뿐만 아니라 일종의 경고등 역할도 한다(인부들은 땅에서 나온 유독 가스에 질식할 수도 있다). 만약 불빛이 안정적이고 밝으면 주변에 산소가 충분하다는 뜻이다. 만약 불빛이 다른 색을 띠거나 꺼지면 다른 가스가 있는 것이다. 또 다른 위험 요소도 있다. 토양이 단단하지 않거나 부서지기 쉬우면 터널이 무너질 수도 있기 때문에 때로 무콰니는 구운 진흙으로 후프를 만들어 터널에 집어넣는다. 후프는 서로 맞닿은 두 개의 아치 같은 역할을 한다. 후프 위에 단단하지 않은 토양의 하중이 실리고 후프가 압축된다. 진흙은 압축력에 강하기 때문에 터널을 보강하고 함몰을 방지한다.

인부들이 헤드 우물(바닥이 대수층 표면에 닿아 있는 첫 번째 우물)에 도달하면 마지막 위험이 그들을 기다린다. 대수층을 아주 조심스럽게 뚫지 않으면 물줄기가 터져서 익사할 수도 있는 것이다. 모든 작업을 안전하게 관리하는 것은 대대로 전수되는 무콰니의 경험에 달렸다. 오늘날에도 카리즈를 만드는 기술은 고대로부터 크게 변하지 않았다.

도관의 길이는 1킬로미터부터 40킬로미터 이상까지 매우 다양하다. 일부는 계속 물을 생산하는 반면 일부는 계절에 따라 생산량이 다르다. 시스템을 유지하기 위해 무콰니는 여분의 우물을 이용한다. 윈치로 우물 안에 양동이를 내리고는 금세 쌓이는 토사와 잔해를 제거한다. 도관을 정기적으로 보수하면 아주 오래 쓸 수 있다.

물

이란에는 3만 5000개가 넘는 카리즈가 있다. 수십만 개의 지하 도관으로 이뤄진 네트워크가 노동으로 건설됐고 여전히 주요 물 공급원이다. 고나바드시에는 이란에서 가장 오래되고 가장 기다란 도관이 있다. 2700년 전에 만들어진, 길이 45킬로미터의 도관을 통해 4만 명에게 물이 공급된다. 헤드 우물은 더 샤드의 높이보다 깊다.

*

대수층을 파내려가는 것은 고대인들이 시민에게 물을 공급하는 하나의 전략이었다. 그러나 수원, 지형, 도구가 문명과 시대에 따라 달라졌다. 그러면서 독창적인 해결책들이 발명되었고 그중에는 지금도 여전히 쓰이는 것들도 있다. 기원전 8세기 말 아시리아의 수도 니네베에 물을 대던 두 개의 운하는 인구 급증을 따라갈 수 없었다. 이전에 센나케립 왕(기원전 705~681년 통치)은 바빌론까지 운하를 파서 바빌론을 홍수로 파멸시키려고 했던 적이 있었다. 하지만 이제 그는 새로운 수원을 찾아 니네베로 물을 보내야 했다. 그는 거의 50킬로미터 떨어진 아트루시강 유역에서 작업을 시작했다. 테비투강으로 흘러 들어가는 수량을 늘리기 위해 그는 이곳에서부터 테비투강 상류까지 운하를 건설했다. 테비투강에는 니네베에 물을 공급하는 저수지를 만들기 위해 일찍부터 둑이 설치돼 있었다. 기존에 있던 두 개의 운하를 통해 물이 추가적으로 운반되면 니네베로 공급되는 수량이 늘어날 것이었다.

그러나 문제가 하나 있었다. 강에서 출발해 니네베로 연결되는 운하에 도달하려면 새로운 도관은 작은 계곡을 지나가야 했던 것이다. 그런데 펌프 없이는 물을 먼 산비탈로 끌어올릴 방법이 없었다. 센나케립은 단념하지 않고 계곡을 가로질러 물을 운반할 수 있는 구조를 고안했다. 바로 '수로(aqueduct)'였다. 사람들은 로마인이 수로를 가장 먼저 만들었을 거라고 생각하지만, 아시리아 왕의 건축물이 로마인의 수로보다 수백 년 앞선, 세계에서 가장 오래된 구조물 중 하나가 됐다. 지금도 이라크 북부 제완에 가면 그 유적이 남아 있다.

엄밀히 따지면 '수로'라는 단어는 물을 한 곳에서 다른 곳으로 운반하는 인공 파이프 전체를 뜻한다. 운하, 다리, 터널, 사이펀(가압 파이프)일 수도 있고, 이들 시스템의 조합일 수도 있다. 니네베 수로교는 센나케립의 가장 큰 건축물이었다. 그는 전설적인 '무적 궁전(Palace Without a Rival)'을 포함해 니네베의 수많은 도시 건축물을 창조한 뛰어난 건축가였다. 바빌론의 공중정원도 그가 만들었을지 모른다. 수로 건설에는 너비가 약 0.5미터인 돌 조각이 200만 개 이상 들어갔다. 최종 결과물은 길이 27미터, 폭 15미터, 높이 9미터의 뾰족한 코벨 아치(돌출된 돌 조각으로 지지되는 곡선 모양)로 구성되어 있었다. 다리 위의 파이프를 통해 물을 계곡 너머로 운반할 수 있었다. 파이프 안쪽에는 물이 새지 않게 콘크리트 층을 덧댔다.

놀랍게도 새 운하와 수로교는 기원전 690년에 불과 16개월 만에 완성됐다. 구조물이 거의 완성됐을 때 센나케립은 종교 의식을 지내기 위해 사제 두 명을 운하 위로 보냈다. 그러나 의식을 시작하기 직전 물을 막고 있던 문이 갑자기 열리면서 강물이 파이프 안으로

하중이 주변부가
아닌 아래쪽으로
실린다.

코벨 아치.

쏟아졌다. 엔지니어들과 사제들은 왕이 화를 낼까봐 겁에 질렸다. 그러나 왕은 신들이 너무 참을성이 없어 그의 위대한 업적이 완성되는 것을 보기도 전에 문을 고장 냈다면서 이 일을 좋은 징조로 여겼다. 그는 운하 맨 위로 가서 손상된 부분을 점검하고 수리했다. 그리고 엔지니어와 인부들에게 밝은 색의 옷감과 금반지, 단검으로 보답했다.

*

엔지니어가 직면하는 두 가지 난관은 물을 찾고 운반하는 일이다. 일단 물을 얻으면 그때부터는 그것으로 무엇을 해야 할지를 알아야 한다. 여기에 세 번째 난관이 있다. 바로 물이 필요할 때를 대비해 저장하는 일이다. 수로공학을 매우 정교한 수준으로 끌어올

빌트

이스탄불의 바실리카 지하 저수조.

린 로마인들은 터키 이스탄불 중심부(라기보다는 아래)에 있는 바실리카 지하 저수조 같은, 그들에게 걸맞은 어마어마한 저장법을 생각해냈다.

로마인들이 지하 저수조를 발명한 것은 아니다. 적어도 기원전 4000년경부터 레반트 지역(오늘날의 시리아, 요르단, 이스라엘, 레바논)에 살던 사람들이 물을 가둬두는 구조물을 지어왔다. 지하 저수조는 간단해 보일지 모르지만, 사실 가장 큰 지하 저수조는 공학적으로 무척 인상적인 위업이다.

예를 들어, 바실리카 지하 저수조는 그곳에 저장된 물의 수압을 견디기 위해 두께가 최대 4미터에 이르는 어마어마한 벽으로 둘러싸여 있다. 물이 새는 것을 방지하기 위해 로마인들은 10~20밀리

물

미터 두께의 석회 석고로 벽을 코팅해 밀폐했다. 지하 저수조의 천장은 광장을 떠받치고 있었기 때문에 위의 건물들과 도로, 보행자들의 무게를 견딜 만큼 충분히 튼튼해야 했다.

이스탄불에 갔을 때 뜨거운 햇빛에 온도는 섭씨 35도까지 치솟았다. 숨 막히는 온도였다. 나는 오래된 돌계단을 밟고 광대한 지하 저수조 안의 차가운 공기 속으로 내려가는 순간 감사한 마음이 들었다. 아래에서 위를 향한 조명이 다홍색빛을 비쳤고 어딘가에 숨어 있는 스피커는 마음을 평온하게 해주는 배경음악을 내보냈다. 관광객들이 최근에 설치된 나무판자 길로 올라섰다. 그 밑에는 회색빛 유령 잉어가 고요하게 헤엄치는 듯한 몇 인치 깊이의 투명하고 맑은 물웅덩이가 있었다. 멍하니 그걸 바라보다가 머리와 팔로 물방울이 떨어지는 바람에 불현듯 깨어났다.

아름다운 빨간 로마 벽돌(납작한 종류)로 만들어지고 벽돌 사이사이에 모르타르가 두껍게 발린 천장을 올려다봤다. 여러 개의 기둥 사이에 걸쳐진 커다란 아치들이 격자를 형성하고 있었다. 이 아치들 사이에 4분 볼트(네 개의 리브에 의해 사분면으로 나뉜 돔)가 있었다. 28개씩 12줄로 늘어선 9미터 높이의 기둥들이 이 놀라운 구조물을 지탱하고 있었다. 대리석 기둥들은 규칙적인 격자 형태로 세워져 있었다. 기둥의 꼭대기 모양은 다양했다(일부는 고전적인 그리스 로마 디자인이었고 나머지는 무늬가 없는 기본 디자인이었다). 사원을 비롯해서 폐허가 되어버린 구조물에서 가져온 것들이었다. 일부 기둥은 시간이 흐르는 동안 자연적으로 쪼개지는 바람에 납작한 검은색 철판으로 묶여 있었다. 두 개의 기둥은 바닥에 그리스 신화의 메두사가 조각되어 있었다. 독사 머리카락이 메두사의 얼굴 주위를 위협적으로 휘감고 있었다. 메두사의 시선은 사람을 즉시 돌로 바꾼다고 하지만 여기 조각된 메두사의 머리는 하나는 거꾸로, 다른 하나는 옆으로 누워 있었다. 우연한 배열이겠지만, 덕분에 메두사의 시선이 지닌 치명적인 효력을 없앨 수 있었다. 공작새 기둥이라고 불리는 기둥에는 원과 선으로 흥미로운 무늬가 새겨져 있었다. 눈물이 그렁그렁한 암컷의 눈을 나타내는 무늬다. 공작새 기둥은 지하 저수조를 건설하다 죽어간 수백 명의 노예를 기리기 위해 세워졌다고 한다.

바실리카 지하 저수조는 서기 532년 유스티니아누스 황제가 건설했다. 이 저수조는 훗날 콘스탄티노플(서기 324년에 로마제국의 수도를 만든 콘스탄티누스 황제의 이름을 땄다)이라고 불릴, 첫 번째 언덕에 있는 스토아 바실리카 광장 아래에 있었고, 올림픽 수영장 32개 분량의 물을 저장할 수 있었다. 저수조의 물은 마르마라 근처의 천연

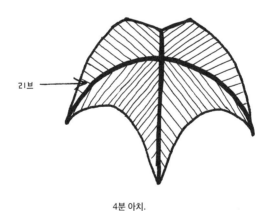

4분 아치.

물

온천에서 수로를 통해 운반됐다. 이 물은 로마 황제들의 거주지인 대궁전에 공급됐고 그들이 떠난 이후에는 잊혔다. 1545년에 비잔틴 유물을 연구하던 페트루스 길리우스(Petrus Gyllius)라는 학자가 현지 주민들과 이야기를 나눴다. 그는 약간의 설득과 구슬림 끝에 주민들에게 기이한 비밀이 있음을 알아냈다. 그들은 지하실 바닥의 구멍으로 양동이를 내려 엄청나게 신선하고 깨끗한 물을 끌어올릴 수 있었다. 종종 양동이 안에서 물고기가 헤엄치기도 했다. 그들은 왜, 어떻게 이런 일이 일어났는지 전혀 몰랐다. 그저 맑은 물을 (때론 먹을 것까지) 얻은 것을 기뻐하며 길리우스가 나타나기 전까지 이를 비밀로 지켰다. 길리우스는 그들의 집이 로마의 유명한 지하 저수조 위에 있는 것이 분명하다고 생각하고는 마침내 지하 저수조를 발견했다.

나는 길리우스에게 고마웠다. 이곳에는 마법과도 같은 극적인 매력이 있다. 1987년에 재단장을 마치고 다시 개장한 이후 이곳은 수천 명의 관광객을 포함한, 수많은 사람들의 상상력을 사로잡았다. 영화 〈007 위기일발〉의 감독도 마찬가지였다. 그는 멋진 회색 정장 차림으로 기둥들 사이를 은밀히 뚫고 러시아 대사관에 스파이로 잠입하는 제임스 본드와 케림 베이를 여기서 촬영했다.

*

바실리카 지하 저수조만큼 크고 인상적인 것이 쉽게 잊힐 수 있다는 사실이 놀랍다. 물에 대한 태도에서 나타나는 로마인들의 호방함 역시 경이의 대상이다. 많은 역사가들은 로마인들이 빗물을 받아 충분히 살아갈 수 있었기에 수로는 목욕탕이나 분수에 쓰기 위한 것이었다고 생각한다. 그저 사치와 호사를 위해 그렇게 어마어마한 공학적 위업을 달성했다니 기이해 보일 지경이다. 지금처럼 당시에도 세계 곳곳은 물 공급량이 부족했고 이를 극복하기 위해 엔지니어의 능력을 죄다 쏟아부어야 했기 때문이다.

2015년에 나는 아름다운 도시 경관이 보이는 싱가포르의 고층 아파트에 사는 친구를 방문했다(친구의 집은 14층이었다). 나는 친구에게 수돗물을 그냥 마셔도 안전한지(당연히 안전했다), 내가 오랜 비행 직후 샤워를 할 수 있도록 뜨거운 물이 나오는지 확인했다. 그녀는 내게 물을 낭비하지 말라면서 몸에 비누칠을 할 때에는 물을 잠그고, 샤워를 마친 뒤에는 샤워기에서 물이 떨어지지 않는지 확인하라고 했다.

물을 아끼며 친환경적으로 살려는 그녀의 노력에 감명받았다. 그러다 샤워 후에 그녀와 긴 대화를 나누고는 그녀가 그럴 수밖에 없는 이유를 깨달았다. 어린 시절부터 그녀의 부모와 학교는 물이 낭비하지 말아야 할 귀중한 자원이라고 가르쳤다. 싱가포르에는 천연 대수층이나 호수가 없기 때문이다. 저수지를 만들기 위해 둑을 쌓은 하천들이 있지만, 기본적으로 이 나라에는 천연 수원이 없다. 영국의 지배를 받을 때든 독립했을 때든 역사를 통틀어 주민들에게 충분한 물을 공급하는 것은 어려운 일이었다.

싱가포르 최초의 수자원은 개울과 우물이었다. 인구가 1000명에 불과할 때는 이것으로도 충분히 물을 공급할 수 있었다. 그러나 1819년 스탬퍼드 래플스(Stamford Raffles) 경이 이 나라를 대영제국

물

의 일부로 편입시켰고 이후 인구가 급증했다. 1860년대엔 이 섬에 8만 명이 살게 됐고, 통치자들은 물을 저장할 저수지를 짓기 시작했다. 1927년에 이웃 국가인 말레이시아와의 합의 덕분에 싱가포르 사람들은 조호르강을 임대할 수 있었다. 조호르강으로부터 수처리되지 않은 물이 끌어올려지면 상호 합의에 따라 싱가포르 주민들이 물을 수처리한 다음 일부를 싱가포르에서 조호르까지 연결된 또 다른 파이프를 통해 내보냈다. 싱가포르 전투(1942년) 당시 일본의 침공으로 파이프가 파괴되면서 사람들에겐 고작 2주간 사용할 물밖에 남지 않았다. 이 지역의 영국군 지휘관이었던 아서 퍼시벌(Arthur Percival) 중장은 '물이 있는 한은 계속 싸운다'고 선언했지만, 결국 2월 16일 항복해야 했다.

이 비참한 상황은 일본인들이 떠나고 (이후 영국에 다시 속했다가) 잠시나마 말레이시아연방의 일부가 되었던 1963년까지도 사람들의 마음속에 남아 있었다. 그래서 1965년 8월 9일 싱가포르가 완전히 독립하자 정부는 물의 자급자족을 최우선 과제로 삼았다.

1961년과 1962년에 말레이시아는 싱가포르에 물을 공급하는 협약들을 체결했고 그중 하나가 2011년에 만료됐다. 다른 협약은 2061년에 만료될 예정이다. 특히 물 의존적이고 물을 많이 소비하는 현대 사회에서 싱가포르인들은 취약한 위치에 있다. 싱가포르인들은 물처럼 가장 기본적인 자원을 인접국에 크게 의존함으로써 자치권에도 문제가 생길 것을 걱정하는 듯하다. 예를 들어, 전 지역에 가뭄이 들면 싱가포르는 결국 다른 나라에 휘둘릴 수밖에 없다. 그래서 다른 나라의 경우 약물이나 향신료가 국익의 핵심인 것처럼 싱가포르는 물이 핵심이다.

그 결과 싱가포르는 다소 불안정한 이런 상황에 대한 해법을 내기 위해 열심이다. 싱가포르 국립수자원공사(Public Utilities Board, PUB)는 '국가 4대 수돗물'이라는 전략을 개발했다. '국가 4대 수돗물'이란 물의 자급자족도를 높이기 위해 국가가 최대한 효율적으로 활용할 수 있는 네 가지 물 공급원을 의미한다.

첫 번째 국가 수돗물은 빗물이다. 싱가포르의 위치와 방향상 매년 강수량이 2미터가 넘는다. 엔지니어들은 이 빗물이 바다로 빠져나가지 않고 효율적으로 저장되도록 빗물 집수 지역을 만들었다. 빗물을 모아 댐이 설치된 하천이나 저수지로 흘려보내기 위해 운하 네트워크를 구축했다. 여기에는 대규모 정화 작업이 필요했다. 시간이 흐르면서 많은 하천이 가정과 사업장에서 배출한 물질로 오염됐기 때문이다. 그래서 싱가포르 국립수자원공사는 공해 기업을 이전하고 상수원을 오염으로부터 법적으로 보호했다. 현재 싱가포르 면적의 3분의 2에 빗물이 모여 저장되고 있다. 몇몇 하천, 특히 바다와 가까운 하천에는 여전히 둑이 남아 있다(바다와 가까운 하천의 경우 약간 짠물이 섞여 있어서 수처리를 하지 않으면 쓸 수 없다). 그러나 일단 엔지니어가 작업을 마치면 90퍼센트에 해당하는 광대한 육지에 빗물이 모이고 저장될 것이다. 그러면 싱가포르는 사실상 거의 모든 빗물을 모으고 저장하는 세계 유일의 지역이 될 것이다.

두 번째 국가 수돗물은 말레이시아에서 들여오는 물이다. 싱가포르는 협약이 만료될 때까지 이 물을 계속 수입할 것이다. 세 번째 국가 수돗물은 재활용되거나 재생된 물이다. 폐수를 재활용하는 관행이 새로운 것은 아니지만(로스앤젤레스를 비롯한 캘리포니아 지역은 1930년대부터 이런 일을 해왔다), 여전히 아주 흔한 일은 아니다.

싱가포르는 1970년대에 처음 폐수 재활용을 도입하려 했지만 당시엔 해당 기술이 여전히 너무 비싸고 상대적으로 신뢰하기 어려웠다. 그러나 결국 프로젝트를 실현할 수 있는 수준까지 기술이 발전했고 이제는 가정, 식당, 사업장에서 폐수를 모아 최신 멤브레인 공성(미세한 막인 멤브레인으로 불순물을 거르는 공정-옮긴이)을 이용하는 3단계 정화 과정을 거친다.

첫 번째 단계는 '미세 여과'로, 물을 반투과성 막으로 여과하는 것이다. 이 막은 보통 폴리비닐리덴플루오라이드 같은 합성 유기 고분자로 만들어지는데, 특정 원자나 분자만 통과시키고 고형물, 세균, 바이러스, 원생동물 포낭 등은 걸러낸다. 막은 현미경으로만 보이는 일종의 체로서 고체는 남기고 액체만 통과시킨다. 막을 통과한 물에는 여전히 소금과 유기분자가 녹아 있기 때문에 물을 재활용하기 위한 두 번째 단계는 '역삼투법'을 통해 이 물질들을 제거하는 것이다.

삼투 현상은 두 용액의 농도가 같아질 때까지 농도가 덜 진한 용액에서 더 진한 용액으로 용매(다른 것들을 녹일 수 있는 물질. 가장 흔한 예는 물이다)가 이동하는 현상이다. 자연 세계의 중요한 원리다. 예컨대 식물 뿌리가 토양에서 물을 흡수하고 사람의 신장이 혈액에서 요소 같은 무기질을 뽑아내는 원리다. 달걀, 식초, 당밀, 옥수수 시럽을 이용해 이 과정을 직접 관찰할 수 있다. 먼저 달걀을 며칠 동안 식초에 담그면 달걀 껍데기의 칼슘이 녹고 삼투막 역할을 하는 물질만 남는다. 그다음 달걀을 당밀이나 옥수수 시럽에 넣으면, 몇 시간 동안 물이 막을 통과하면서 달걀이 탈수화되어 달걀 표면에 주름이 나타난다. 쪼글쪼글해진 달걀을 꺼내 담수에 담그면 물이 막을 통과해 달걀 안으로 들어가고 달걀이 다시 통통해지는 역삼투 과정이 나타난다.

삼투 현상은 저절로 일어난다. 담수는 막을 쉽게 이동해 소금물과 섞인다. 담수를 더 생산하려면 압력으로 소금물을 '눌러' 소금과 세균, 그리고 기타 용해된 물질을 차단하는 막을 통과시켜야 한다. 순수한 물 분자가 강제로 반투과성 막을 통과하도록 눌러주는 압력이 자연 삼투압보다 커야 한다. 이것이 역삼투 현상이다.

역삼투 과정을 이용해 물에 녹아 있는 소금과 기타 오염물질을 99퍼센트까지 제거할 수 있다. 이 과정에서 나오는 물은 이미 고품질이지만, 몇몇 세균이나 원생동물이 여전히 남아 있을 수 있다. 남아 있는 미생물을 제거하기 위해 물을 자외선 소독하고 나면 분배

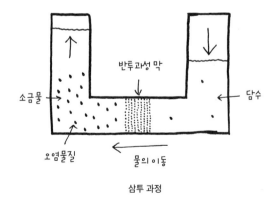

삼투 과정

물

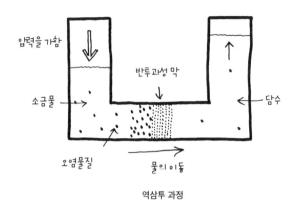

역삼투 과정

할 준비가 끝난다.

수년간의 실험 끝에 2003년 뉴워터(NEWater, 재활용된 물의 이름)가 대중에 공개됐다. 싱가포르의 37번째 건국기념일에 거리행진 중이던 고촉통 총리와 리콴유 초대 총리를 비롯해서 수천 명의 참가자들이 카메라 앞에서 뉴워터 병을 따고 조금씩 마셨다. 병에 걸린 사람은 없었다. 사실 대부분의 뉴워터는 식수보다 훨씬 고품질의 물을 필요로 하는 산업 단지와 제조 공장에서 사용됐다. 뉴워터는 10만 건이 넘는 테스트를 통과했다. 세계보건기구의 식수 기준보다 더 엄격한 조건을 만족시킨다. 비록 그 물의 근원이 당혹스러울지라도 말이다.

네 번째 국가 수돗물은 바닷물이다. 2005년 싱가포르는 바닷물을 걸러서 가장 큰 입자들을 제거한 다음 뉴워터와 거의 같은 방식으로 역삼투압 과정을 거치는 최초의 해수담수화 시설을 투아스에 설치했다. 싱가포르 당국은 여기서 생산된 순수한 물에 필수 무기질을 첨가해 가정과 산업 시설에 공급한다. 투아스 공장은 하루에 3000만 갤런(13만 세제곱미터)의 물을 생산할 수 있다. 세 번째와 네 번째 국가 수돗물이 이미 전국 물 수요의 50퍼센트 이상을 충당한다. 2060년 이 비율은 약 85퍼센트까지 올라갈 것으로 예상된다. 치밀한 계획과 공학으로 만들어낸 극적인 변화로서 잠재적으로는 생명까지 구할 수 있다.

*

싱가포르는 대부분의 빗물을 모아 재사용하고, 수자원의 장기적인 지속 가능성을 계획하고 있다. 이것은 공학이 중요한 현실 세계의 문제를 어떻게 해결해주는지를 잘 보여준다. 가장 기본적이고 필수적인 분자(물)와 관련된 오래된 난관을 이제는 가장 진보한 기술을 통해 해결하고 있다. 시간이 흐르고 세계 인구(와 그에 따른 물 수요)가 증가함에 따라 전 세계의 엔지니어와 과학자들은 이 소중한 액체를 찾아내고 그것을 운반하는 새로운 통로를 만들며 이를 정화하기 위해 과학을 발전시켜야 한다는, 점점 늘어나는 과제에 직면하게 될 것이다.

이를 해결하지 못하면 우리는 살아남지 못할 것이다.

물

11

하수도

Clean

**어느 누구도 똥에는
신경 쓰지 않는다면?**

2007년 일본 여행은 내가 지금까지 경험한 가장 기억에 남고 영감을 준 여행이었다. 엄마와 나는 달걀, 과일, 라면, 심지어 강아지를 판매하는 자동판매기에 놀라면서 도쿄 거리를 거닐었고, 열정적인 요리사와 웨이터가 모두의 주문을 사이좋게 이구동성으로 외치는 초밥 레스토랑에서 식사를 했다.

또한 화장실이 아주 흥미로웠다. 음악이 흘러나오거나 불이 켜지는 버튼과 자동으로 소독하는 세정 스프레이가 달려 있어서 일상적인 일을 흥미진진하게 만들었다. 실험 삼아 버튼 몇 개를 눌러봤다가 금세 후회했지만, 와우, 잠깐만 참으면 이내 더 깨끗해진 느낌이 들었다. 도쿄를 떠나 더 멀리 갔을 때는 이보다 훨씬 더 기본적인 재래식 화장실을 만났다. 극명하게 대조적이었지만, 중세 일본과 비교하면 아무것도 아니었다.

도쿠가와 막부(1603~1868년)가 세워지기 한참 전부터 '분뇨'라고도 불리는 사람의 대변이 거래되고 있었다. 이는 일본 전역을 향해하는 배에 실려 운반됐다. 당연하게도 그 배들에서는 고약한 냄새가 났고 사람들은 악취가 진동하는 배들이 차(茶)를 실은 배들과 함께 부두에 있다는 사실을 불평했다. 그러나 당국은 이 교역이 필수적이기에 사람들은 악취를 견뎌야 한다고 결정했다.

이 작은 섬나라는 특별한 문제에 직면해 있었기 때문에 사람의 대변이 중요했다. 일본은 지형 특성상 농작물을 재배할 만한 토지가 거의 없었다. 그럼에도 인구가 급증해서 식량 생산량을 반드시 늘려야 했다. 그래서 경작이 가능한 땅은 1년에 한 번 이상 수확하는 식으로 집중적으로 사용했다. 토양의 자연 영양분이 빠르게 고갈되고 있었다는 뜻이다. 토양에 영양분을 다시 보충하기 위해 동물의 배설물로 비료를 만들었지만, 섬에는 동물이 많지 않았기 때문에 다른 곳에서 해결책을 찾아야 했다. 일본인들은 위생 시설에서 답을 찾았다. 인구가 급증하면서 엄청난 양의 배설물이 나왔다. 그래서 도쿠가와 막부는 배설물을 배에 실어나가 농부들과 거래함으로써 문제를 해결하기로 했던 것이다.

분변 거래는 곧 큰 사업이 됐다. 도쿠가와 막부 초기에 사람들은 당시 매우 큰 도시였던 오사카에 비료를 의존하기 시작했다. 배에 채소와 과일을 신고 오사카로 가서 시민들의 분뇨와 교환했다. 하지만 분뇨의 가치가 빠르게 높아지면서(인플레이션이 대변에도 영향을 미쳤던 것 같다) 채소로는 이 가치 있는 상품을 구입할 수 없게 되었다. 18세기 초반까지 사람들은 은을 주고 분뇨를 샀다. 세입자가 배설한 대변에 대한 권리를 집주인에게 귀속시키는 법이 제정됐는데, 관대하게도 소변에 대한 권리는 세입자에게 남겨줬다. 20개 가정에서 1년간 나오는 대변의 값어치는 한 사람이 1년간 먹는 곡물 가격에 달했다. 분뇨는 이제 주택 시장의 필수 구성 요소였다. 집주인이 더 많은 세입자를 들일수록 배설물을 더 많이 모을 수 있었고 집세는 더 싸졌다.

결국 분뇨 구매권을 둘러싸고 농민, 마을 주민, 도시 조합원 모두가 다퉜다. 18세기 중반 오사카의 입법자들은 공정한 가격을 정할 공식적인 조합과 협회에 소유권과 독점권을 부여했다. 그럼에도 비싼 가격 때문에 가난한 농부들이 심각한 타격을 입었고, 사람들은 차가운 감옥에 들어갈 위험을 무릅쓰고 도둑질을 해야 했다.

분뇨 수집은 갈등을 일으켰지만, 뜻밖의 이점도 있었다. 배설물을 너무나 집요하고 조심스럽게 모았기 때문에 식수원이 오염될 가능성이 적었던 것이다. 다른 문화적 관행도 보탬이 됐다. 일본인들은 물을 대부분 차로 마셨는데, 물을 끓이면 질병을 일으키는 많은 미생물이 제거된다. 그리고 신토(神道, 조상과 자연을 섬기는 일본 종교-옮긴이)의 의식을 따르는 사람들은 불결함의 근원(피, 죽음, 병)에 대해 강경한 입장이었고 더러운 것과 접촉하면 스스로를 '정화'했다. 이 모든 것은 17세기 중반부터 19세기 중반까지 일본이 서구의 다른 나라들보다 살균이 더 잘되고 위생적이었음을 보여준다. 결과적으로 일본인들은 사망률이 낮았다.

하지만 20세기에 상황은 달라졌다. 인구가 계속 증가하고 제2차 세계대전으로 나라가 초토화되면서(특히 경제적인 측면에서) 이전까지 누려온 삶의 질을 더는 유지할 수 없었다. 1985년에는 전체 영토의 3분의 1에만 현대적인 하수 시설이 갖춰져 있었다. 이는 폐기물을 처리하는 전근대적 방법이 여전히 효과적이었던 것이 주요 원인이었다. 1980년대 일본의 하수 시설이 현대화됐다. 이제 일본은 그리 오래되지 않은 시절에 번영했던 분뇨 교역과 극단적으로 대비되는 고급 화장실로 유명하다.

현대든 과거든 오수 처리 방식은 도시가 얼마나 성공적이고 진취적인지를 나타내는 지표였다. 대표적인 인더스문명권(기원전 약 2600년)인 하라파와 모헨조다로의 거의 모든 집에는 상수도가 연결돼 있었고 수세식 화장실도 갖추어져 있었다. 산업화 이후 빽빽하게 밀도가 높아진 도시들에서는 항상 효율적인 오수 처리가 몹시 중요했다. 플로렌스 나이팅게일(Florence Nightingale, 그가 수립한 새로운 위생 계획은 빅토리아 시대 병원과 가정에 혁신을 일으켰다)은 1870년 인도의 위생 시설에 대한 보고서에 이렇게 적었다. "도시 위생을 진보시키는 진짜 비결은 상수도와 하수도다." 훌륭한 위생 시스템을 누릴 만큼 운이 좋은 사람들은 변기에서 흘러 내려간 대변이 어디로 가는지 좀처럼 생각하지 않는다. 한편으론 더러운 오수로 인한 질병과 죽음에 대해서는 너무나도 잘 알고 있다. 사람들의 비위를 상하게 하는 주제일지 모르지만 전 세계 인구가 증가함에 따라 위생의 중요성은 점차 커지고 있다.

*

"문제는 그 누구도 똥에는 전혀 신경 쓰지 않는다는 거야." 칼이 이렇게 말하고는 나가버렸다.

당시 나는 런던 중심부 옥스퍼드가 근처의 작은 아파트 건물을 설계하고 있었다. 내가 주차 구역과 지하 수영장 주변에 기둥들을 배치하는 동안 배수공학자인 내 친구 칼은 건물 내부의 샤워실, 싱크대, 변기, 그리고 건물 외부의 빗물에서 얼마나 많은 하수가 나올지를 계산하고 있었다. 그는 시간당 유량을 계산한 뒤 그걸 런던의 하수 처리 시설로 운반해줄 적당한 파이프가 있는지 확인해야 했다. 우리는 과거 기록을 통해 그 건물에 인접한 커다란 하수도가 있다는 사실을 알게 됐다. 하지만 그 하수도가 얼마나 큰지, 얼마나 차 있는지, 상태는 어떤지는 정확히 몰랐다. 그 하수도를 통해 하수를 흘려보낼 수 있는지, 우리가 근처의 지하를 파면 하수도가 손상되지는 않을지 알고 싶었다. 칼은 설계를 완성하기 위해 조사 업체에 하수 파이프에 대한 조사를 의뢰했다.

어느 날 칼이 DVD를 들고 나타나더니 별 다른 설명도 없이 그걸 컴퓨터에 넣고 재생하라고 했다. DVD가 재생되자마자 나는 비명을 지르고는 허둥지둥 DVD를 끄려고 했다. 동료들에게 에워싸인, 사무실 중앙의 내 컴퓨터 화면(갑자기 거대해 보였다)에는 하수 조사 결과가 나오고 있었다. 나는 멈춤 버튼을 누르고 칼에게 보지 않겠다고 했다. 그러자 그가 내게 앞서와 같이 호통을 치곤 성큼성큼 나가버렸다.

나는 진정하고 앉아서 숨을 깊게 고르고는 재생 버튼을 클릭했다. 그 영상은 누군가 지상에 안전하게 서서 바퀴 달린 로봇을 하수도에 들여보내고는 그 로봇에 장착된 작은 카메라로 촬영한 것이었다. 벽돌벽은 짙은 붉은색이었고 지난 150년간 더러운 오물이 흐른 것치곤 꽤 깨끗해 보였다. 하수도는 놀라울 정도로 커서 내가 몸을 숙이지 않고도 걸어 다닐 수 있을 듯했고 마치 수직으로 세운 달걀처럼 약간 찌그러진 타원형이었다. 이런 모양 덕분에 하수가 쉽게 흐를 수 있었다. 하수가 적을 때는 물이 하수도의 가장 뾰족하고 낮은 곳으로 흐르기 때문에 유속이 빠르지만 유량이 많을 때는 하수도 위쪽의 커다란 공간을 통해 흐른다.

로봇이 역사적인 공학 작품 안을 돌아다니는 것에 경외감이 들었다. 덕분에 바닥의 오물들에 느꼈던 모든 메스꺼운 감정을 쉽게 억누를 수 있었다. 그다음 일주일 동안 칼과 나는 (대변에 대한 언쟁을 재빨리 잊고) 영상을 세부적으로 분석했다. 그리고 근처 하수도가 온전하고 양호하므로 새 건물에서 나오는 오수를 그쪽으로 버려도 되겠다고 결정했다. (하수도가 넘칠 위험이 있었기 때문에 아무 때나 모든 하수를 버릴 수는 없었다. 그래서 런던의 다른 많은 건물들처럼 지하에 하수를 저장했다가 적정한 속도로 파이프를 통해 흘려보내는 '감쇠 탱크'를 만들었다.) 흥분되는 순간이었다. 조지프 바젤게트(Joseph Bazalgette)가 한 세기 이전에 일군 선구적인 공학 작품에 내가 실제로 물리적인 연결 고리를 만들고 있었다. 바젤게트는 런던 아래에 광대한 하수도 네트워크를 구상하고 건축했다. 19세기 초반 런던에 산다는 건 굉장히 역겨운 일이었으므로 그런 시스템이 절실히 필요했다.

*

원래 런던의 평원에는 풍부한 물과 물고기가 있는 수많은 템스강 지류가 있었다. 그러나 13세기 중반에 도시 인구가 크게 늘어나면서 수질이 악화됐다. 상황은 계속 나빠져서 지류는 개방된 하수도이자 동물 사체, 심지어 사람 시체를 버리는 쓰레기장으로 전락했다. 15세기까지 '물장수'들은 어깨에 걸친 막대에 통 두 개를 묶고는 우물에서 물을 길어 올려 생계를 꾸려나갔지만, 이젠 강 상류로 올라가도 먹을 물을 구할 수 없는 상태였다. 런던 시민들의 식수는 그들이 배출한 오수와 시체로 오염됐다.

도시에는 20만 개의 오물통도 있었다. 지름 1미터에 깊이는 그 두 배인 이 튜브형 탱크는 물이 새지 않게 안쪽에 벽돌을 붙였고 바닥은 밀봉돼 있었으며 위에는 뚜껑이 있었다. 사람의 배설물을 저장하는 용도였다. 사람들은 요강을 가져와서 이 탱크에 비웠다. 탱크를 주기적으로 청소하고 배설물을 들통에 담아 들판에 버리는 것은 '분뇨수거인', '청소부' '공'(gong) 업자'('공'은 변소를 일컫는 중세 용어다)의 일이었다. 배설물을 길거리에 버리는 것보다는 나았지만, 들판이 런던 중심부에서 멀지 않았다는 점을 고려하면 여전히 비위생적이었다. 구덩이를 청소하는 것은 분명 불쾌한 일이었고 위험한 일이기도 했다. 1326년 청소부 리처드가 부패한 소변과 대변이 뒤섞인 오물통에 빠져 죽었다.

1840년대 하수도 위원회(Commissioner of Sewers)가 새 하수도를 건설하는 법안을 통과시키려 했으나 실현되지 못했다. '화장실'(즉 현대적인 수세식 변기)이 도입되면서 상황은 더욱 악화됐다. 안 그래도 오물통이 누수되어 농축된 배설물을 거의 저장할 수 없었는데, 이제는 엄청난 물까지 쏟아져 들어와 범람했다. 1850년에는 이를 해결하기 위해 구덩이를 금지했지만, 결과적으로 하수도(오로지 지표 위의 빗물만 흘려보내기 위해 설계되었다)가 꽉 차버렸다. 사람과 동물의 배설물은 결국 템스강으로 흘러들었지만 사람들은 여전히 이 물로 씻고 음식을 만들었다. 당연히 이 물을 마시기도 했다.

오물과 물이 뒤섞인, 무척이나 끔찍한 이 혼합물 때문에 런던에는 심각하고 치명적인 콜레라가 유행했다. 콜레라는 대개 늦여름이나 가을에 발생했고 병에 걸린 사람은 절반이 죽었다. 1831~1832년 콜레라가 유행할 당시 6000명 이상이 죽었다. 그 뒤를 이어 1848~1849년(1만 4000명 이상 사망), 1853~1854년(1만 명 추가 사망)

하수도

토머스 맥린의 1828년 동판화 <흔히 템스 강물이라 불리는 괴물 수프>는
도시의 상수도에 대한 기괴한 풍자 작품이다.

에 두 차례 콜레라가 크게 유행했다. 당시 사람들은 공기 중에 떠다
니는, 독기 있는 '미아스마'(miasma, 영어권에서는 나쁜 공기라고 부른
다—옮긴이)를 호흡하면 콜레라에 걸린다고 믿었다. 그러나 1854년
에 콜레라가 유행할 당시 존 스노(John Snow, 1813~1858년) 박사가
소호에 있는 오염된 펌프로 물을 길어 먹은 사람들의 건강 상태를
관찰하고는 사람들의 통념이 사실이 아니라는 증거를 모았다. 사실
콜레라는 오염된 식수로 전염됐다.

런던의 오수가 도시를 망치고 있다는 사실은 비정상적으로 더웠
던 1858년 여름에 특히 분명해졌다. 사용이 금지된 썩은 오물통 그
리고 템스강과 지류를 채운 하수가 달궈지면서 도시는 평소보다
끔찍한 냄새를 풍겼다. '대악취'(Great Stink, 이렇게 불렸다)의 시작이

었다. 사람들은 냄새를 막기 위해 커튼을 염화석회에 적셨다. 냄새가 너무 유독해서 하원의 각료들과 링컨 법학원의 변호사들은 일을 할 수 없었다. 그들은 도시를 버리고 떠날 계획을 세웠다.

이 모든 것의 유일하게 긍정적인 측면은 이처럼 끔찍한 상황에 직접 영향을 받은 정부가 마침내 악취와 그에 동반되는 콜레라를 없애기로 결정했다는 점이다. 런던의 하수 문제를 풀기 위해 엔지니어들이 제안한 계획을 거절한 지도 수 년이 지난 뒤인 1859년 공무원들은 마침내 조지프 바젤게트의 제안을 승인했다.

바젤게트는 성격은 무심했지만 유쾌하고 상냥한 미소를 지녔다고 한다. 키는 평균보다 상당히 작았지만 긴 코에 예리한 회색 눈과 검은 눈썹 덕분에 강한 남자라는 인상을 풍겼다. 그는 1819년 런던 외곽의 엔필드에서 태어나 토목공학자로 경력을 쌓았다. 빠르게 확장되던 철도 때문에 업무가 과중해지면서 1847년 신경쇠약에 걸렸다. 이후 그는 수도권 하수도 위원회(Metropolitan Commission of Sewers)의 조사원이 되어 런던의 배수 문제를 해결하는 임무를 맡았고 얼마 뒤에는 수도권 사업 추진 위원회(Metropolitan Board of Works)의 위원으로 임명됐다. 수도권 사업 추진 위원회의 임무는 런던의 오수 문제를 해결하는 것이었다.

바젤게트의 계획은 벽돌 배수로나 수로를 따라 흐르도록 물길이 변경되었던 템스강의 오랜 지류들을 이용하는 것이었다. 당시 이 지류들은 하수도가 되어 있었고 그 덕분에 더 많은 주택을 지으려는 수요가 충족됐다. 배수로를 좁힘으로써 물가에도 집이 지어졌다. 때론 배수로를 도로 아래에 묻어 더 넓은 공간을 확보하기도 했다. 배수로의 가장 높은 지점은 강에서 멀리 떨어져 있었고, 배수로는 남북 방향으로 이어지다가 (서쪽에서 동쪽으로 흐르는) 템스강에 도달하면 썩은 물을 배출했다.

조지프 바젤게트는 이들 배수로와 더러운 내용물을 중간에서 가로채기로 했다. 그는 여러 지점에서 기존 배수로 밑에 새로운 하수도 네트워크를 만들었다. 배수로의 물 흐름을 부분적으로 막기 위해 배수로 높이의 절반쯤 되는 둑(물막이 형태)도 만들었다. 그러고는 이들 둑 앞에 바닥으로 통하는 구멍을 뚫어서 대부분의 하수가 아래쪽의 새 하수도로 흐르게 했다. 손가락을 펼친 채로 왼손을 들고 오른손을 왼손 아래에 수직으로 붙여보라. 왼손은 배수로를 흐르는 기존 지류고 오른손은 바젤게트의 새 하수도다.

강 북쪽에서 배수로의 세 지점을 골라 그 밑에 하수도를 설치했다. 첫 번째는 먼 북쪽으로, 배수로의 위치가 상대적으로 높은 곳이었다(런던 지리에 익숙한 사람들에게 설명하자면 이 지류는 런던 북부의 어퍼 할로웨이에서 스탬퍼드힐과 해크니를 거쳐 스트래트퍼드로 이어진다). 이 '고지대' 하수도와 템스강의 중간 지점에는 베이스워터에서 출발해 이제 세계적인 쇼핑 지역인 옥스퍼드가와 올드가 아래를 지나는 '중간지대' 하수도를 설치했다. 여기서는 하수가 둑에 가로막히고 배수로 바닥에 있는 구멍을 통해 아래로 흐르기 때문에 더 많은 하수를 모을 수 있다. 마지막으로, 남은 물을 받기 위해 강과 아주 가까운 곳에 '저지대' 하수도를 설치했다. 바젤게트는 강 남쪽에서도 비슷한 작업을 했다. 하지만 여기서는 고지대 하수도(벨햄에서 클래펌, 캠버웰, 뉴크로스를 거쳐 울리치까지 흐른다)와 저지대 하수도(원즈워스

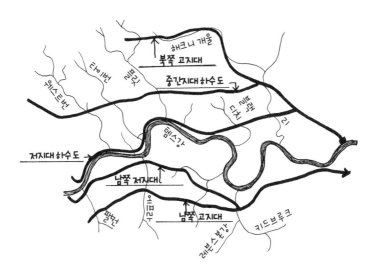

런던을 가로질러 흐르는 바젤게트의 주요 하수도 네트워크.

에서 배터시, 월워스를 거쳐 뉴크로스까지 흐른다)만 이용했다. 강 남쪽에는 사람이 훨씬 적게 살고 도시 규모도 강 북쪽보다 작았기 때문이다. 전체적으로 이 시스템은 총길이가 160킬로미터에 달했다.

런던의 빅토리아 · 앨버트 · 첼시 제방은 모두 그의 작품이다. 여기에 템스강을 따라 지나는 저지대 하수도가 있다. 이전의 엔지니어들이 템스강 지류를 배수로로 흐르게 함으로써 지류의 폭을 제한했던 것처럼, 바젤게트는 제방을 지어 이 장려한 강 자체의 폭을 좁혔다. 그가 만든 새로운 지하 경로에는 새로운 하수도뿐만 아니라 최초의 지하철인 런던 튜브(London Tube)가 지나다닐 공간도 있었다.

바젤게트는 다섯 개의 주요 하수도 파이프와 수백 개의 지선을

하수도

설계할 때 도시의 200만 주민이 배출할 오수의 양을 넉넉하게 산정했다. 그러고는 하수도 공사를 오직 한 번만 할 거라는 가정 하에 크기를 두 배로 키웠다. 그가 만든 다섯 개의 하수도는 서쪽 시작점에서 위치가 가장 높다. 그리고 동쪽에 있는 두 개의 새 펌프장으로 이어지는 동안 1마일(1마일은 약 1.6킬로미터-옮긴이)마다 2피트씩 낮아진다. 바젤게트와 건축가 찰스 헨리 드라이버(Charles Henry Driver)는 새로운 펌프장인 크로스니스 펌프징(Crossness, 남쪽 하수도 두 개 담당)과 애비 밀스 펌프장(Abbey Mills, 북쪽 하수도 세 개 담당)을 설계했다. 견고하고 인상적인 두 펌프장은 후기 빅토리아 건축양식의 걸작으로 대성당을 연상시킨다. 하지만 진짜 놀라운 것은 크로스니스 펌프장 내부다. 어마어마한 크기의 펌프 기계는 반짝이는 황동과 화려하게 장식되고 다채롭게 칠해진 단철 부품들로 만들어졌다. 사실 이 펌프장은 〈배트맨 비긴즈〉와 〈셜록 홈즈〉 같은 영화에도 여러 번 등장했다.

오수가 하수도를 따라 펌프장에 도달하면 좀 더 먼 동쪽에 있는 대형 하수 저장 탱크로 저절로 흐르도록 다시 높은 위치로 옮겨야 했다. 강 북쪽에서 흘러온 오수는 벡톤(Beckton)에 저장됐고 강 남쪽에서 흘러온 오수는 크로스니스 펌프장 옆에 있는 탱크에 저장됐다. 썰물 때 템스강이 바다 쪽으로 흐르면 높은 곳에 모아둔 하수가 중력에 의해 템스강으로 흘러들었다. 여전히 하수 처리되지 않은 오수가 그대로 강물에 버려졌던 것이다.

바젤게트는 최악의 경우 밀물 때 하수도가 가득 차서 범람'할 수밖에' 없다면 역류 하수가 서쪽의 웨스트민스터까지 밀려오지 않

철제 부품들로 만든 빅토리아 건축양식의 크로스니스 펌프장 내부. 런던 에어리스.

도록 탱크를 멀리 동쪽에 설치하라는 부탁을 받았다. 정부의 고위
당국자들은 1858년에 경험한 악취를 다시는 맡고 싶지 않았던 것
이다. 사실 바젤게트는 강폭을 좁히면서 조수를 예전보다 더 서쪽
으로 밀려들게 했고 덕분에 때로는 하수 냄새가 꽤나 퀴퀴하게 풍

하수도

거오기도 했다.

바젤게트의 하수도 시스템은 본질적으로 매우 간단했지만 실행에 옮기는 것은 그렇지 않았다. 새 하수도를 건설하려면 런던의 도로들을 파헤쳐야 했기 때문이다. 적당한 깊이까지 파고 들어가 달걀 모양의 벽돌 하수도와 배수관을 연결한 다음 구멍을 채우고 도로를 다시 메우는, 대단히 파괴적이고 복잡한 작업이었다. 그러나 런던의 삶이 서서히 좋아졌기 때문에 그 공사는 할 만한 가치가 있었다.

런던 중심부의 수질은 빠르게 좋아졌다. 1875년에 마침내 바젤게트의 하수도(길이 2100킬로미터에 3억 개 이상의 벽돌로 지어졌다)가 완성됐다. 런던의 끔찍했던 콜레라는 그즈음엔 과거의 일이 됐다. 주로 바젤게트의 실용적이고 효율적이며 창의적인 공학 작품 덕분이었다.

*

바젤게트는 하수를 런던 중심부에서 도시 밖의 템스강으로, 그리고 최종적으로는 바다로 옮겼다. 오수는 처리되지 않았기 때문에 이 시스템은 기본적으로 질병을 일으키는 요소들을 인구 밀집 지역에서 사람이 없는 곳으로 옮기는 것이었다. 왠지 낡은 해결책처럼 들리는가? 하지만 오늘날에도 정확히 같은 시스템이 사용된다.

요즘 새로운 하수 시스템에서는 이상적이게도 빗물이 가정과 사무실의 하수나 공장과 식당의 폐수와는 다른 파이프로 들어간다. 오염되지 않은 빗물은 바다와 강으로 바로 배출하고 하수와 폐수는 하수 처리 시설로 옮긴다는 개념이다.

오염된 하수는 하수 처리 시설에서 일련의 물리적 · 화학적 · 생물학적 과정을 거쳐 기본적인 화학물질로 분해된다. '물리적 과정'은 여과를 뜻한다. 이는 물을 막에 걸러서 불순물을 제거하는 것이다. '화학적 과정'은 오물을 분해하는 물질을 첨가하는 것이다. '생물학적 과정'은, 박테리아로 오물을 분해하는 것이다. 환경적으로 안전한 액체인 '처리된 폐수', 또는 농작물의 비료로 사용 가능한 고체 폐기물인 '슬러지'를 만드는 것이 목표다.

하지만 이것은 이론일 뿐이고 실제로는 거의 이렇게 되지 않는다. 유엔인간정주계획(UN Habitat, 인류 주거지를 모니터링하는 기관)에 따르면, 놀랍게도 전 세계 하수의 90퍼센트가 처리되지 않거나 1차 처리만 거친 뒤에 배출된다. 런던도 예외는 아니다. 바젤게트의 하수도가 빗물, 하수, 산업 폐수 등 모든 것을 운반하는 '합류식 하수도'이기 때문이다. 바젤게트는 미래에 대비해서 400만 명(빅토리아 시대 런던 인구의 두 배)이 만들어낼 하수에 빗물까지 운반할 하수도를 설계했다. 그러나 현재 런던 인구는 800만 명이고 거의 150년 된 하수 시스템이 여전히 사용 중이다. 이 시스템이 제대로 굴러가는 것은 매년 12억 5000만 킬로그램의 대변을 운반할 수 있을 만큼 하수도가 크기 때문이다. 그러나 시스템이 최대 용량으로 작동하고 있기 때문에 빗물까지 제대로 운반되는 것은 아니다. 하루에 비가 2밀리미터만 와도(내 사랑, 축축한 런던에서는 흔한 일이다) 이 합류식 하수도는 가득 차올라 범람한다.

템스 강변 쪽에는 넘쳐흐르는 오수를 바로 강으로 배출하는

57개의 관이 있다. 강둑 방향으로 대형 강화 철문이 있는 배터시에서 그중 하나의 배출구를 볼 수 있다. 복스홀 다리 밑에 또 하나가 있다. 여기서만 매년 28만 톤의 하수가 배출된다. 일부 배출구는 바젤게트 시대에 지어졌고 다른 것들은 나중에 추가됐다. 2014년엔 매주 한 번 이상 넘친 유량이 강으로 흘러들었고 매년 6200만 톤의 처리되지 않은 하수가 템스강으로 배출되었다. 이는 '매주' 강에서 헤엄친 대왕고래 8500마리의 무게보나 무겁다. 사람들이 아무 일도 하지 않는다면 2020년엔 이 수치가 거의 두 배로 늘어날 것이다. 이런 통계는 모두를 불안하게 한다. 하지만 다행히도 2023년까지 이 문제를 해결하기 위한 거대한 프로젝트가 은밀히 런던 시민들의 발밑에서 진행될 예정이다. 바로 템스 타이드웨이 터널(Thames Tideway Tunnel) 프로젝트다.

나는 런던에 새로운 '창자'를 만들어주는 프로젝트에 참가한 필을 만나기로 했다. 우리는 큰 식당에 앉아 소변과 대변을 어떻게 현대적인 방법으로 제거할지 얘기했다.

"우리 계획은 바젤게트의 유산을 확장하는 겁니다." 필이 설명했다. "바젤게트가 살아 있는 동안 런던 인구가 이렇게 증가했다면, 그가 직접 이걸 완성했을 거예요." 전체 프로젝트는 단순했다. 150년 전에 바젤게트는 썩어가는 지류들을 가로막았다. 이제 타이드웨이 터널이 바젤게트의 하수도를 가로막을 것이다. 하수는 바젤게트의 하수도에서 강으로 범람하는 대신 새로운 터널 네트워크로 넘쳐흐를 것이다.

프로젝트는 장대하다. 복스홀 배출구를 포함해 도시 주변의 21

개 지점에서 넘치는 하수를 받아낼 새로운 튜브형 수직 통로를 60미터 깊이까지 팔 계획이다. 이 통로는 대부분 강어귀에 만들어질 것이다. 첫 단계로 방수 울타리인 대형 '코퍼댐(cofferdam)'을 설치한다. 그 안에서 기존 하수 배출구 근처에 새로운 통로를 팔 것이다. 그런 다음 기존 배출구를 새 통로로 연결하는 지하 공간을 구축할 예정이다. 그러면 하수가 강으로 흘러가는 대신 이 지하 공간을 통해 새로운 통로로 들어갈 것이다. 필이 지적했듯 새 시스템을 만드는 것도 좋지만, 눈에 보이지도 냄새도 나지 않아야 한다는 점이 가장 중요하다(나는 커다란 화장실 옆에서 사는 걸 상상해봤다). 수직 통로 위에는 수천 제곱미터 넓이의 정원과 공원을 조성할 계획이다. 몇 년 뒤면 풀과 나무로 둘러싸인 강변 벤치에 앉아 카푸치노를 홀짝일 수 있을 것이다. 발밑에서는 문자 그대로 초당 수 톤의 하수가 바젤게트의 하수도에서 새 통로로 쏟아질 것이다. 하수는 수직 통로의 바닥에 도달한 뒤 관을 통해 새로운 터널로 흐를 것이다.

주요 파이프는 지름이 7.2미터로 2층 버스 세 대를 나란히 놓을 수 있을 만큼 크다. 웨스트 런던의 액턴에서 출발해 동쪽으로 이어지는 동안 790미터를 지날 때마다 1미터씩 깊어진다. 애비 밀스 펌프장에 도달할 무렵 이 파이프는 20층 빌딩이 들어갈 만큼 깊은 곳을 지날 것이다. 하수는 애비 밀스 펌프장에서 백톤 하수 처리장으로 보내진다.

터널 대부분은 런던 중심의 템스강 아래를 지난다. 이건 정말 흥미로운 공학적 전략이다. 번화한 도시 아래에 새로운 인프라를 운영하는 것은 가장 조건이 좋을 때조차 어렵기 때문에 템스강 아래

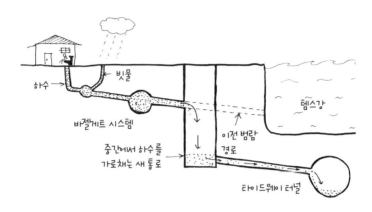

빗물

하수

바젤게트 시스템

템스강

중간에서 하수를
가로채는 새 통로

이전 범람
경로

타이드웨이 터널

타이드웨이 터널을 통해 하수를 가로채다. 런던 하수 시스템의 미래.

를 활용하는 것은 완벽한 아이디어다. 특히 런던에는 거대한 지하
터널 네트워크와 깊은 기초를 갖춘 빌딩 수천 개가 있다. 터널이 강
아래를 지날 경우 빌딩은 1300개만 지나면 된다(많아 보일 수도 있지
만, 만약 터널이 강 대신 땅 밑을 지나면 이보다 훨씬 많은 빌딩 밑을 지나야 한
다). 터널은 도시 아래에도 파묻혀 있기 때문에 다리 75개와 지하철
을 포함한 터널 43개의 아래를 지난다.

땅 자체에 또 다른 큰 장애물이 있다. 터널은 도시를 가로질러 서
쪽에서 동쪽으로 갈수록 기울어지기 때문에 여러 곳에서 서로 다
른 토양을 지난다. 시작 지점인 액턴에서는 팽창과 수축이 일어나
기 쉬운 진흙을 지난다. 하지만 중간 지점인 런던 중심부를 통과할
때는 모래와 자갈이 섞인 토양을 지나게 된다. 이런 토양은 이리저
리 움직이고 뭉쳐지지 않기 때문에 터널에 문제가 된다. 마지막으
로 터널은 동쪽의 타워 햄릿에서 큰 돌덩어리가 있는 백악질(하얗고

부드러운 다공질의 석회암-옮긴이) 층을 지난다. 돌덩어리가 어디에 있을지 예측할 수 없고 부수기도 어렵기 때문에 TBM의 작업이 지연될 수 있다. 터널은 특히 두 가지 다른 유형의 토양이 만나는 경계에서 튼튼해야 한다. 어떤 토양이 다른 토양보다 훨씬 잘 뭉치거나 더 건조하면 터널이 서로 다른 힘을 받아 팽창되거나 수축되기 때문이다. 다섯 대의 TBM이 도시의 각기 다른 지점에서 서로 다른 방향으로 움직이면서 동시에 땅을 파고 들어갈 것이다. 하지만 그들은 결국 서로 만나 '거대한 하수도'를 형성하는 터널을 구축할 것이다.

이토록 놀라운 프로젝트의 목적은 하수 배출 횟수를 연간 60회에서 4회로 줄이고 하수 배출량 역시 연간 6200만 톤에서 240만 톤으로 줄이는 것이다. 나는 필에게 하수 배출을 아예 하지 않을 수는 없는지 물었다. 그러자 그가 폭우가 내릴 때에만 연간 네 번 하수를 배출하는 거라고 설명했다. 오수는 빗물과 섞이면 상당히 희석되기 때문에 강으로 배출해도 유독하지 않다는 것이다. 강의 생태계를 유지하는 강물의 자연적인 생물학적 과정 덕분에 강물의 산소 수준은 이처럼 희석된 하수에는 그다지 영향을 받지 않는다. 하수를 아예 배출하지 않으려면 타이드웨이 터널이 두 배로 커져야 한다.

엔지니어들은 종종 이런 식으로 타협해야 한다. 이상적인 해결책이 반드시 가장 실용적인 해결책은 아니다. 이상적으로는 하수 파이프를 빗물용과 오수용으로 분리해야 하지만, 그러려면 런던을 거의 폐쇄하고 모든 거리를 파헤쳐서 새로운 시스템을 설치해야 한다. 더 이상적으로는 템스강으로 하수를 전혀 배출하지 않아야 하지만, 사실 이것이 오히려 환경에 더 나쁠 수 있다. 이에 필요한 크기의 터널을 지으려면 땅에서 제거되는 토양의 양을 두 배로 늘려야 하고, 그러려면 더 커다란 기계와 더 많은 에너지를 들여 더 오랜 기간 건설해야 한다. 또 이 방법은 자연적인 지류의 흐름을 완전히 차단하므로 강 자체의 수량을 줄인다.

템스 타이드웨이 터널 프로젝트는 강의 수질에 중대한 영향을 미친다. 수영을 하거나 노를 젓는 사람들은 더는 분뇨에서 철벅거릴 걱정을 하지 않아도 된다. 필은 이 프로젝트에 새로운 수처리 시설이 포함될 거라고 말했다. 그 말에 나는 훨씬 더 기분이 좋아졌다. 우리는 바젤게트의 해법에서 한 바퀴를 돌아 다시 제자리로 돌아왔으며, 현대 도시의 요구를 충족시키기 위해 그 시스템에 또 다른 통로와 터널 네트워크를 추가하고 있다. 그러나 이번엔 바다를 오염시키지 않도록 오수에서 오염물질을 제거할 것이다.

뛰어난 기술력과 상상력으로 150년이 지난 지금도 여전히 쓸 수 있는 하수도 시스템을 만든 바젤게트에게 경의를 표한다. 바라건대 오늘날 확장된 시스템이 사람들에게 오랫동안 도움이 되고 한 세기 후의 도시 거주자들은 런던에 새로운 창자를 만든 우리에게 감사하게 되기를.

똥에 대한 이야기는 이걸로 충분하다.

빌트

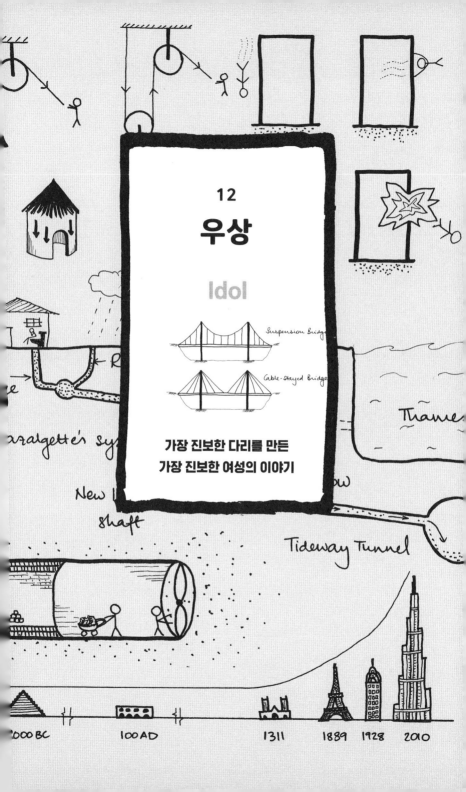

12

우상

Idol

Suspension Bridge

Cable-stayed Bridge

**가장 진보한 다리를 만든
가장 진보한 여성의 이야기**

회의실에 들어가면 나만 여자인 경우가 많다. 가끔 세어보면, 남자 11명에 나, 아니면 남자 17명에 나다. 대개는 남자 21명에 나였다. 남자들에게 둘러싸여 일을 하다 보면 그중 누군가가 무심코 욕을 내뱉곤 당황하다가 내게 직접 사과의 말을 건넨다. 그러면 나는 어안이 벙벙해진다(그들은 내가 꽉 막힌 도로에서 운전하는 모습을 본 적이 없는 것이다). 나는 '미스터 아그라왈 씨에게'라고 적힌, 일과 관련된 수많은 편지를 받았다. 내 이름에서 성별을 유추할 수 없다면 그냥 남성이라고 추측하는 편이 낫다. 그게 맞을 확률이 90퍼센트 이상이니까. 실망스럽게도 나는 이 직종에서 소수에 속하기 때문이다.

남자들의 세계에서 일한다는 것은 모든 면에서 도전적이고 때론 우스꽝스러우며 어떤 때는 괴롭다. 벌거벗은 여자들 사진이 도배된 현장 사무소에서 무표정한 얼굴로 유한 요소 모델링이나 토양 강도 프로파일에 대한 전문적인 대화를 한다는 것은 어려운 일이다. 한번은 건축가가 내 '복장', 그러니까 내가 현장을 방문할 때마다 착용했던 안전모와 형광 안전 재킷 차림으로 사진을 찍을 건지 물었다. 이 업계의 다른 여성들이 취업 면접에서 언제 결혼을 하고 아이를 낳을 건지 (불법으로) 질문을 받았다는 이야기를 들은 적도 있다.

다행히 이런 일은 대개 가끔 발생할 뿐이다. 그리고 궁극적으로 나는 내 일을 사랑하며 누구나 이 분야에서 끈기와 탄력성으로 성공할 수 있다고 믿는다. 그런데 소수에 속하면 장점도 있다. 가령

우상

나의 우상 : 에밀리 워런 로블링.

내가 세련된 원피스와 신발 차림으로 콘크리트와 크레인에 대해 유창하게 말하고 나면 사람들은 회의가 끝난 뒤에도 나를 잊지 않는다. 공학 분야의 대변자가 될 수 있는 흔치 않은 기회도 가졌다.

나는 많은 엔지니어들을 존경하고 이 책에서 그들에 대해 이야기했지만, 에밀리 워런 로블링(Emily Warren Roebling)은 내 마음속에 특별한 자리를 차지하고 있다. 에밀리는 여성을 인정하지 않던 당시 대학에서 쏟아져 나온 남성 엔지니어 어느 누구 못지 않게 기술을 잘 이해했다. 하지만 엔지니어로서 교육을 받은 적이 없었다. 에밀리는 단지 필요할 때 필요한 일을 배웠을 따름이었다. 소통 기술이 워낙 뛰어나다 보니 인부 사이에서는 물론, 당대의 저명한 정치인들 사이에서도 큰 존경을 받을 수 있었다. 더구나 그녀가 지켜보는 가운데 선구적인 공학적 혁신이 이루어졌다.

건설 분야에서 소수자로 일한다는 것은 21세기에도 어려운 일이다. 그런데 에밀리는 대부분의 사람이 여자의 두뇌는 복잡한 수학과 공학을 이해할 능력조차 없다고 믿었던 시대에 이 모든 일을 해냈다. 그녀의 걸작인 브루클린 다리는 뉴욕의 상징이다.

*

에밀리는 분명 아주 어린 나이부터 지능이 몹시 뛰어나고 과학에 관심이 많았다. 열네 살이라는 나이 차이에도 불구하고 첫째 오빠인 구버너 워런(Gouverneur K. Warren)과 아주 가까운 관계를 유지했다. 구버너는 열여섯 살에 웨스트포인트 육군사관학교에 입학한 뒤 미육군 공병대에 합류해 철도 가설과 미시시피강 서쪽의 지도 제작을 위한 조사를 했다. 그는 미국 남북전쟁에 참전해 공을 세웠다(브루클린 프로스펙트 공원 입구에 그의 동상이 세워져 있다). 구버너는 에밀리의 영웅이었다. 아버지가 돌아가시자 그가 가족을 책임졌다. 또한 과학에 관심을 보이는 에밀리를 격려하고 여자 사립학교인 조지타운 성모 방문 수녀회(Georgetown Visitation Convent)에 등록

하게 했다. 그곳에서 에밀리는 과학, 역사, 지리에 대한 열정을 채웠고 훌륭한 여성 기수로도 성장했다. 1864년 미국 남북전쟁 당시 에밀리는 멀리 파견돼 있던 오빠를 만나기 위해 몹시 고된 여행을 감행했다. 그리고 그곳에서 구버너의 친구이자 전우인 워싱턴 로블링(Washington Roebling)을 만나게 됐다. 평소 평정심을 유지하고 합리적인 본성을 지닌 에밀리답지 않게 첫눈에 사랑에 빠졌다. 6주 뒤 워싱턴은 에밀리에게 나이아몬드 반지를 사주었다.

남은 전쟁 기간 동안 에밀리는 자신의 생활을 자세히 적은 애정 어린 편지를 길게 썼다. 그러나 워싱턴은 편지를 보면 그들이 떨어져 있다는 사실이 훨씬 더 고통스럽게 느껴진다면서 편지를 읽은 뒤엔 모두 없애버렸다. 반면 에밀리는 워싱턴이 보낸 모든 것을 간직했고 1년도 지나지 않아 그의 생각, 두려움, 애정이 담긴 편지를 100통 이상 모았다. 워싱턴이 전쟁터에서 싸우는 동안 에밀리는 그의 가족을 방문했고 가족들은 에밀리를 몹시 좋아하게 됐다. 11개월간 편지를 주고받은 뒤 에밀리와 워싱턴 로블링은 1865년 1월 18일에 마침내 결혼했고 에밀리는 남편의 그림자 뒤에서 집과 가족을 돌보는 빅토리아 시대의 전형적인 주부 역할로 매끄럽고 우아하게 나아갔다.

독일 태생인 워싱턴의 아버지 존 아우구스투스 로블링(John Augustus Roebling)은 뛰어난 엔지니어였고 워싱턴은 아버지의 발자취를 따를 계획이었다. 1867년에 존은 워싱턴을 유럽으로 보내 건축술을 공부하게 했다. 그중에는 로마인에게 영감을 받은 건축술도 포함되어 있었다.

빌트

로마인들이 제국 초기에 지은 상대적으로 가볍고 작은 건축물은 기초 없이도 땅이 충분히 지지할 수 있었다. 그러나 로마인의 건축 기술이 발달하면서 건축물의 크기와 무게가 늘어났다. 로마인들은 건축물 설계에서 기초가 중요한 부분이며, 그것 없이는 건물이 움직이거나 가라앉을 거라는 사실을 깨달았다. 연약한 땅을 파고 들어가 더욱 단단하고 깊은 지층에 딱딱한 돌이나 콘크리트로 기초를 세우는 것은 상대적으로 쉬웠다. 그러나 강에서는 이 일이 훨씬 복잡했기 때문에 발명가였던 로마인들은 해법을 떠올렸다.

로마인들은 흔히 통나무로 만든 말뚝을 땅에 박아 넣어 건축물을 지지했다. 말뚝을 박을 때는 목재 조각들을 2층 높이의 피라미드 모양으로 연결한 '항타기(piledriver)'를 사용했다. 피라미드 꼭대기에 도르래와 밧줄을 달아 사람이나 동물이 무거운 물체를 들어올리게 했다. 그러고는 통나무를 최대한 깊게 땅속으로 밀어 넣은 뒤 밧줄을 풀어서 매달려 있던 무거운 물체를 통나무 상단에 떨어뜨렸다. 통나무가 완전히 땅속에 파묻힐 때까지 이 과정을 반복했다.

로마 엔지니어들은 물속에 기초를 세우기 위해 강바닥 주위에 항타기로 나무 말뚝을 설치했다. 동심원 두 개를 만든 다음 그 사이에 찰흙을 쌓아 밀봉했다. 원 안쪽의 물을 빼내면 그들이 공사를 할 수 있는 마른 땅만 남는다. 이렇게 설치된 구조물을 '코퍼댐'이라고 한다. 오늘날에도 쓰이는 공법(예컨대 앞 장에서 살펴본 템스 타이드웨이 터널)이지만 현재는 둥그런 관이나 사다리꼴의 커다란 강철 말뚝을

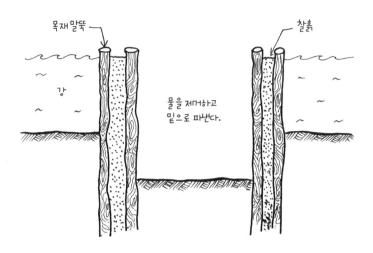

목재 말뚝

찰흙

강

물을 저거하고
밑으로 파낸다.

물속에 기초를 짓는 로마 방식.

사용한다.

로마의 노동자들은 코퍼댐 내부에서 바위를 만나거나 코퍼댐이 새기 직전까지 진흙을 파냈다. 그리고는 단단한 지층 위에 돌이나 콘크리트로 겹겹이 교각을 세웠다(그들의 특수한 포졸라나 시멘트를 이용해 축축하고 질척거리는 환경에서도 단단한 콘크리트를 만들 수 있었다). 교각이 완성되면 바닥에 암석을 쌓아 더 안정시킨 뒤 진흙을 원래 높이만큼 다시 구멍 안에 채워 넣었다. 그 뒤 나무 말뚝을 제거했고 물이 다시 흘렀다. 노동자들은 다리 구조물을 지지하기 위해 필요한 높이까지 교각을 계속 세웠다.

*

로마의 코퍼댐은 물이 아주 깊지 않은 곳에서 쓸 수 있었다. 그

빌트

러나 워싱턴 로블링은 더 깊이 들어가고자 했다. 깊은 물에서는 말뚝을 아주 높게 만들어야 하지만, 그러면 물이 미는 힘을 견딜 수가 없게 된다. 그래서 워싱턴은 코퍼댐 대신 '잠함(caissons)'을 연구했다.

잠함은 윗면이 방수가 되고 바닥이 개방돼 있으며 내부가 빈 구조물로, 바다나 강바닥의 진흙 속을 파고 들어간다. (텀블러를 거꾸로 들어 바닥에 모래가 있는 물그릇에 넣는다고 상상해보자. 텀블러 입구가 모래를 파고 들어가는 동안 꼭대기는 밀봉돼 있어서 물이 들어가지 못한다.) 표면에 있는 미끄럼대 하나는 노동자들이 구조물 안으로 내려가는 장치이고 또 다른 하나는 재료를 넣고 빼는 통로다. 그러나 정말로 물속 깊이 들어가려다 보면 또 다른 문제가 생긴다. 더 깊이 내려갈수록 물의 압력이 세지며 잠함 벽을 미는 힘도 커지는 것이다.

공압식(공기를 사용해 압력을 가하는 방식-옮긴이) 잠함(pneumatic caisson)으로 이 압력에 대처할 수 있다. 공압식 잠함은 압축 공기를 주입하는 기능이 추가된 '일반' 잠함이다. 가압된 공기가 물의 유입을 막고 물의 힘과 균형을 이룬다. 에어록(공기가 새어나가거나 들어가지 않게 하는 기술-옮긴이) 덕분에 노동자들은 잠함에 들어갈 수 있다. 엔지니어들은 19세기 중반쯤 문자 그대로 천지개벽할, 이 같은 혁신적인 방법들을 활용해 다리의 기초를 짓기 시작했으며, 워싱턴 로블링은 이에 매료됐다. 그는 심지어 사방이 막힌 좁은 공간에서 폭발물을 쓰는 것도 고민했다. 이는 뻔한 이유 때문에 전엔 시도되지 않은 기술이었다.

에밀리는 남편과 함께 잠함을 공부하고 스스로 교량공학을 터

우상

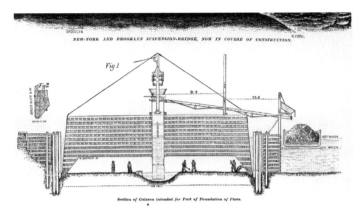

브루클린 다리 건설에 사용된 거대한 잠함.

득하여 남편의 연구를 돕기 시작했다. 그때만 해도 에밀리는 위험한 고압의 잠함에서 일하면서 에밀리와 남편 모두 아주 다른 사람이 되는, 엄청난 삶의 변화를 겪을 거라는 사실을 전혀 알지 못했다.

＊

19세기 후반까지 브루클린과 맨해튼섬 사이에는 다리가 없었기에 페리가 이스트강을 건너 다녔다. 하지만 강이 얼어붙는 겨울이면 페리는 운행을 멈췄다. 그래서 정부는 이 상황을 개선해야 한다는 압박감을 크게 받았다. 이를 위해 뉴욕 브리지 회사(New York Bridge Company)의 설립을 인가하는 법안이 통과됐고 1865년 존 아우구스투스 로블링이 이스트강을 건너는 다리의 설계와 비용 산출을 맡았다. 비용은 개인 투자자들에 더해 뉴욕시와 브루클린시

(당시엔 별개의 도시였다)가 분담한 펀드로 충당했다. 2년 뒤 존 로블링은 전체 프로젝트를 이끌기 시작했다.

그가 설계한 다리의 중앙 부분은 현수교 형태로, 내가 노섬브리아대 인도교에 사용한 사장교와 비슷한 점이 있다. 둘 다 케이블이 연결된 높은 주탑을 사용한다. 그리고 두 유형 모두 케이블엔 항상 상판을 떠받치는 장력이 가해진다. 하지만 두 다리는 장력을 지면에 전달하는 방식이 다르다.

사장교에서 힘은 직접 이동한다. 상판이 케이블을 아래로 잡아당겨 장력을 가하면 주탑에 직접 연결된 케이블이 주탑을 압축시킨다. 그러나 현수교에서는 상판이 케이블을 잡아당기면 이 케이블은 높은 주탑 각각의 꼭대기에 매달린 '다른' 케이블('포물선' 케이블)을 차례차례 아래쪽으로 당긴다('포물선'은 특정한 모양을 가진 곡선이다. 수학적으로 보면 $y=x^2$의 그래프가 포물선이다). 포물선 케이블은 각 주탑의 반대편에 있는 기초에 고정돼 있다. 포물선 케이블은 각 주탑에 아래 방향으로 힘을 가하면서 주탑을 압축시키고 힘을 기초 쪽으로 전달한다. 이것이 두 다리의 차이점이다. 사장교에는 포물선 케이블이 없다.

1869년 브루클린 다리 공사가 시작됐지만, 곧바로 재앙이 닥쳤다. 현장에서 일어난 사고로 존 로블링은 파상풍에 걸렸고 장엄한 구조물의 첫 돌이 놓이는 것을 보지도 못한 채 몇 주 뒤에 사망했다.

워싱턴 로블링이 자연스럽게 아버지의 뒤를 이어 프로젝트의 수석 엔지니어가 되었다. 다리를 지지하는 교각을 박기 위해 그는 유럽에서 자신의 상상력을 사로잡았던 잠함을 이용했다. 그 잠함은

우상

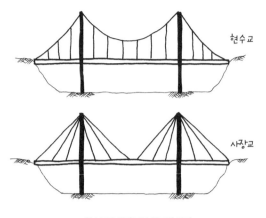

현수교와 사장교를 비교한 그림.

이전에 쓰인 그 어떤 잠함보다 컸고 훨씬 더 깊은 물속으로 들어갔다. 그는 폭 50미터에 길이 30미터인 거대한 잠함 두 개를 강에 넣고는 각각 뉴욕 쪽과 브루클린 쪽으로 몰았다. 잠함 뚜껑에는 무거운 돌들이 겹겹이 쌓여 있었다.

이론상 합리적인 공학적 결정으로 보였지만, 곧 현실이 고개를 들었다. 땅을 파는 첫 달 동안 진행 속도가 너무 느려서 엔지니어들은 이 공법을 포기하고 다른 접근법으로 다시 시작해야 되는지 의문을 제기했다. 증기기관에서 검은 연기가 뿜어져 나오고 타르 통과 도구들, 돌과 모래 더미가 현장을 어지럽히자, 노동자들이 잠함 안이 어떤 곳인지를 떠들기 시작했다. 제한된 공간 안은 소음이 요란했고 도처에 그림자가 드리워졌다. 압력이 노동자들의 맥박에 영향을 미치고 목소리를 작아지게 했다. 거대한 잠함 안은 끈적거리는 진흙에 덮여 있었고, 공기는 습하고 따뜻했다. 잠함이 뚫고 지나

빌트

갈 수 없는 바위가 계속 나타나 공사가 어려워지자 로블링은 폭발물을 실험하기 시작했다. 자신의 건강이 망가질 것을 알지도 못한 채 그는 공기 질이나 자신의 설계가 노동자들에게 미칠 영향만을 걱정했다.

다음 몇 개월 동안 수면 아래 깊은 곳에서 시간을 보내면서 워싱턴은 관절과 근육이 약해지는 느낌, 일시적인 마비, 심한 통증을 느꼈다. 그는 뉴욕 잠함보다도 깊이 들어가는 브루클린 잠함에서 일하는 노동자들의 상태를 관찰하기 위해 의사를 고용했다. 워싱턴은 노동자들에게 생긴 건강상의 문제를 완전히 이해하지 못한 채 계속 일했다. 통증은 일시적이었지만 사지의 마비증상은 그렇지 않았다. 그는 '잠함 병'(caisson disease, 오늘날의 잠수병-옮긴이) 환자가 되었다. 이 병은 질소가 혈액으로 방출되면서 급성 통증(환자들이 통증으로 몸을 자꾸 웅크리기 때문에 잠함 병을 '구부림the bends'이라고도 불렀다)을 일으키고 심지어 마비와 죽음을 야기하는 질환이다. 물론 이제는 고압에서 저압으로 너무 빨리 이동하면 위험하다는 사실이 알려져 있기 때문에, 예컨대 잠수부들은 정해진 속도로 상승해 가스를 배출하게 된다. 그러나 1870년에는 깊은 곳에서 일하는 것이 위험하다는 사실은 알려져 있었지만 잠함이 상대적으로 새로운 혁신이었기 때문에 질환을 피하려면 어떻게 해야 하는지는 아직 알려지지 않았다.

워싱턴은 복부와 관절, 팔다리에 계속 통증을 느꼈고 심각한 우울증을 앓았다. 두통에 시달렸고 시력을 잃어갔으며 약간의 소음에도 화를 냈다. 그에겐 아버지 자리에서 프로젝트를 감독할 지식과

우상

능력이 남아 있었지만 건강 때문에 적극적으로 프로젝트에 참여할 수 없었고 일상적인 업무조차 힘겨워졌다. 그는 에밀리를 제외하곤 누구와도 말하고 싶어 하지 않았다. 로블링 일가가 다리를 설계하고 계획했던 모든 세월과 그들이 견뎌온 모든 희생이 아무런 쓸모가 없어지는 듯했다. 그러나 에밀리는 남편, 시아버지와 오랜 시간을 보내면서 교량 설계와 공학에 대해 들었고 기술 연구를 돕기도 했다. 그녀는 전전히 프로젝트에 개입하기 시작했다. 그건 큰 진보였다. 여성이 프로젝트에 참여하고 심지어 이를 이끈다는 발상은 전례가 없었다. 현장의 건축가부터 투자자에 이르기까지 모든 사람이 에밀리에게 느낄 의심과 불신을 차치하더라도 그녀는 어떻게 수석 엔지니어의 역할뿐만 아니라 남편과 현장 사이의 연락책 역할까지 맡겠다고 자처한 걸까?

과학에 대한 배경지식은 있지만 교량 설계에 대한 전문적 지식은 없었기 때문에 에밀리는 남편의 방대한 기록들을 챙기는 것부터 시작했다. 에밀리는 남편이 다리가 완성되는 것을 보지 못하고 죽을까봐 두려웠다. 그때 에밀리는 남편을 대신해 모든 서신을 받아보고 회사 사무실에 정기적으로 편지를 보냈다. 복잡한 수학과 재료공학을 흔들림 없이 공부하기 시작해 강철, 케이블, 건설에 대해 배워갔다. 또한 현수선(catenary, 밀도가 균일한 케이블이 양끝만 고정되어 자체 무게만으로 늘어질 때 나타나는 곡선-옮긴이) 곡선을 계산하고 프로젝트의 기술적인 면을 철저히 파악했다. 에밀리는 가족의 유산이 세워지는 모습을 반드시 보겠다고 결심했다.

에밀리는 이 기술만으로는 프로젝트를 성공적으로 이끌 수 없다는 것을 곧 깨달았다. 현장 노동자들뿐만 아니라 영향력 있는 주주들과도 소통해야 했다. 그래서 매일 현장을 방문해 노동자들에게 일을 지시하고 그들의 질문에 답하기 시작했다. 그녀는 공사를 감독했고 다른 엔지니어들과 남편 사이에서 메시지를 전달했다.

에밀리가 자신감을 갖고 점차 성장해가면서 워싱턴에게 점점 덜 의존하게 되었다. 그녀의 직감적인 결정과 꽃피기 시작한 기술은 문제를 사전에 예측하는 데 도움이 됐다. 현장의 모든 상황에 대한 기록과 편지에 대한 답장을 부지런히 보관했고 회의와 사교 모임에서 남편의 자리를 능숙하게 대신했다. 공무원, 노동자, 하청업자가 남편을 찾아오면 남편 대신 그들의 질문에 권위 있게, 자신감 있게 대답했다. 대부분이 만족하면서 나중에는 많은 사람들이 에밀리에게 편지를 썼다. 그들에게는 에밀리가 진정한 권위자였다. (한번은 일부 공급업체의 정직도에 대한 조사가 이뤄졌다. 1879년 공급업체 중에 에지무어 철강회사Edge Moor Iron Company의 대표들은 자신들의 혐의를 잠재우기 위해 수신인이 '워싱턴 A. 로블링 부인'인 편지를 썼다. 이 편지엔 남편의 의견을 듣고 싶다는 말이 없었다.)

그러나 에밀리는 워싱턴의 이름으로 일했다. 에밀리가 사실상 수석 엔지니어이며 다리 뒤의 실세라는 소문이 돌았다. 언론 매체들은 에밀리를 에둘러 언급했다. 특히 〈뉴욕 스타(New York Star)〉지는 "이 영리한 여성의 스타일과 필체는 이미 브루클린 다리 사무실 사람들에게는 익숙하다"라고 능청스럽게 표현했다. 전체 공사 기간 동안 로블링 일가는 가정생활을 철저히 비공개로 유지했다. 어떤 잡지나 신문도 그들을 인터뷰할 수 없었다.

우상

에밀리가 프로젝트를 신중하게 진행했는데도 문제가 커지기 시작했다. 비용이 증가했다. 사고와 잠수병으로 20명이 사망했다. 워싱턴의 건강은 나아질 조짐이 없었다. 이른바 '밀러 소송'이 제기됐다. 창고 소유주인 에이브러햄 밀러(Abraham Miller)가 다리 건설을 맡긴 도시들을 고소한 것이다. 그는 건설 중인 다리 전체를 철거할 것을 요구하고, 사업을 필라델피아로 넘기라고 했으며, 도시들이 프로젝트를 진행할 자금력이 있는지 의심했고, 다리에 사용된 강철 케이블의 안정성에 대해 불리한 증언을 해줄 수많은 선장과 조선공, 엔지니어들을 출두시켰다. 존 로블링의 오랜 지지자였던 헨리 머피(Henry Murphy) 상원의원의 끈질긴 노력 끝에 소송은 합의로 끝났다. 로블링 일가도 기소를 피하지 못했다. 철강 제조사와 의심스러운 거래를 했다는 주장이 제기되었고 결국 혐의를 벗을 때까지 뇌물 수수에 대한 조사를 받았다. 공사를 감독하는 신탁 이사회에 변화가 생기면서 신입 이사와 기존 이사 간에 정치적 격전이 벌어졌다. 그리고 1879년 당시 전 세계에서 가장 크고 유명한 다리였던 스코틀랜드의 테이교(Tay Bridge)가 강풍에 무너져 75명이 사망했다. 〈뉴욕 헤럴드(New York Herald)〉의 헤드라인은 "뉴욕과 브루클린 사이에서 테이교의 재난이 반복될 것인가?"였다.

에밀리가 남편 대신 능숙하고 확실하게 일했는데도 1882년 브루클린 시장은 워싱턴 로블링이 신체적으로 무능력하다는 이유만으로 수석 엔지니어를 바꾸기로 결정했다. 그는 이사회와 함께 로블링을 해고한다는 발의를 통과시켰고 다음 회의에서 투표를 요구했다. 수많은 논의와 정치적 논쟁, 언론 보도 이후 그들은 모여서 토론하고 투표했다.

　다행히 세 표 차이로 워싱턴 로블링이 프로젝트를 끝까지 이끌기로 결정됐다. 로블링은 거의 반생이 지나고 나서 다리 건설에 에밀리가 어떤 역할을 했느냐는 질문을 받았다. 다리 건설과 관련해 수없이 불화를 일으켰던 관계자들 사이에서 "중재자로서 놀라운 재능"을 보여주었다고 답했다. 나는 에밀리가 세련된 협상가였으리라 믿는다. 수많은 논쟁을 모든 측면에서 인내심 있게 경청하고 남자들에게 요령 있게 경고하며 격앙된 정치적 분위기를 수습하는 중재자 말이다. 에밀리는 분명 가족의 유산을 지키는 데 중요한 역할을 했다.

　다리를 대중 앞에 공개하기 전에 마지막 테스트를 해야 했다. 달리는 말이 구조물에 어떤 영향을 미치는지 살펴보는 것이었다. 당시에도 다리 이용자들이 만들어내는 움직임인 공명의 위험성은 잘 알려져 있으므로 다양한 운송 수단에 대해서도 다리가 안정적이고 안전한지 확인해야 했던 것이다. 에밀리는 성공의 상징으로 살아 있는 수탉을 안은 채 마차를 타고 최초로 다리를 건넜다.

　몇 주 뒤인 1883년 5월 24일 공식적으로 다리가 개통됐을 때 에밀리는 남편이 방 안에서 망원경으로 자랑스럽게 바라보는 동안 체스터 아서 대통령의 행렬과 동행하는 영광을 얻었다. '국민의 날(The People's Day)'이라 이름 붙여진 이날은 브루클린의 공식 공휴일로 지정됐다. 5만 명의 주민들이 거리로 쏟아져 나와 대통령과 새 다리를 잠시라도 보려고 했다. 수많은 연설에서 이 다리는 "과학의 경이", "자연의 모습을 바꾸는 인간의 믿기 어려운 힘의 발휘"

우상

브루클린 다리의 공식 개통식.

라 칭송받았다. 이 경우에는 여성의 힘이겠지만 말이다. 워싱턴 로
블링의 경쟁자였던 어브램 휴잇(Abram Hewitt)은 행사 중에 "에밀
리 워런 로블링의 이름은… 인간 본성에서 존경할 만한 모든 것, 그
리고 건설적인 예술 세계의 훌륭한 모든 것과 불가분의 관계가 될
것"이라고 했으며, 다리를 가리켜 "여성의 자기희생적 헌신, 그리
고 너무 오랫동안 금지된 고등교육에 대한 여성의 역량을 보여주

빌트

는 영원한 기념비"라고 했다.

오늘날 다리를 지탱하고 있는 주탑 중 하나에는 에밀리와 남편, 그리고 시아버지를 기리는 청동 명판이 붙어 있다. 브루클린 엔지니어 클럽(Brooklyn Engineers' Club)이 만든 명판으로 다음과 같이 쓰여 있다.

이 다리의 건축가들을 기리다.

신념과 용기로 다친 남편을 도운
에밀리 워런 로블링
1843-1903

아버지의 계획을 이어받아 다리를 완공한
토목 엔지니어 워싱턴 A. 로블링 대령
1837-1926

인생을 다리에 바친
토목 엔지니어 존 A. 로블링
1806-1869

"모든 위대한 업적 뒤에서 여성의 자기희생적 헌신을 발견하다."

에밀리 워런 로블링은 기술적으로 뛰어났고 함께 일한 모두가

우상

로블링 일가를 기리는 브루클린 다리의 기념 명판.

그녀를 좋아했다. 프로젝트에서의 역할에 관계없이 다리와 관련된 노동자들은 그녀를 무척 존경하고 존중했다. 그녀가 여성으로서 모든 사교계에 참여했고, 정치인과 엔지니어 그리고 노동자들에게 환영받았으며, 또한 사람들이 그녀의 의견에 주의를 기울이고, 그녀의 지시를 따랐다는 사실은 건설 현장에 여성이 존재한 전례가 없던 시대에 그 자체로서 에밀리의 탁월한 기술력에 대한 증명이었다.

　나는 에밀리가 다리에서 일할 때와 비슷한 나이의 젊은 구조공학자로서, 세계 주요 도시에 랜드마크를 건설할 때의 어려움과 압박에 대해 잘 알고 있다. 그러나 나는 공학적 위업에 도전하기까지 수년간 체계적인 기술 교육, 경험, 지도, 지원을 받았고 도중에 공인

빌트

엔지니어 자격을 취득했다. 반면 에밀리는 어떤 정규교육도 받지 않고 그 일들을 해냈다. 자격을 갖춘 엔지니어도 아니었다. 비극적인 사정 때문에 전혀 생각지도 못한 상황에 처하게 됐지만, 그녀는 탁월하게 대성공을 거뒀다. 그냥 다리가 아니었다. 경간이 486미터로 당시 가장 긴 다리였다. 최초로 현수 케이블에 강철 와이어를 사용했고 그만큼 거대한 잠함과 폭발물을 최초로 사용했다. 그리고 오늘날까지 유지돼온 혁신적인 구조물이다.

놀랍게도 에밀리에 대한 평가는 각양각색이다. 어떤 자료는 그녀를 프로젝트를 이끈 실세로 강조한다. 다른 자료에는 그녀에 대한 어떤 언급도 없다. 그러나 당시를 살았던 비슷한 여성들과 비교했을 때 에밀리는 최소한 조금이라도 공헌을 인정받았다. 그녀의 이름이 기념 명판에 남겨져서 기쁘다. 그녀는 내게 영감을 준다. 비극적인 어려움에 직면했음에도 기술 지식, 노동자와 소통하고 이해 당사자를 설득하는 능력, 고집 등 엔지니어에게 필요한 모든 역량을 활용해 당시 가장 진보한 다리를 완성했기 때문이다. 그것도 여성을 하찮게 여기고 침묵시키던 시대에 말이다.

우상

13

다리

Bridge

Smaller cables — concrete planks
Large cable
Concrete foundation — Cable anchor

**계곡과 강을 건너는
수천 가지 창의적인 방법들**

Thame

New l

shaft

Tideway Tunnel

2000 BC   100 AD   1311   1889   1928   2010

"그 '추파남'이 또 전화했어. 용케도 3분 23초 만에 처리했지."

파티에서 수다스러운 남자를 소개받았다. 내 취향에 맞지 않게 과하게 상냥하고 심하게 집적거리는 남자였다. 아니, 그보다는 스스로를 상냥하다고 생각하지만 사실은 별로 그렇지 않은 타입이었다. 결국 나는 자리를 피하고는 저녁 내내 그와 마주치지 않으려고 조심했다. 하지만 좀 부주의했던지 결국 우리는 전화번호를 교환했다.

그 뒤 몇 주 동안 그가 두세 번 전화했다. 처음엔 엄마가 인도에서 찾아온 참이라 예의를 차리고 얼렁뚱땅 넘어갔다. "죄송한데, 저희 엄마가 방금 도착해서 지금은 통화를 못하겠어요." 두 번째는 단 3분 만에 그를 쳐내고는 이메일로 친구한테 자랑스럽게 얘기했다.

하지만 그 추파남(나와 내 친구는 그를 이렇게 불렀다)은 계속 전화를 하고 이메일을 보냈다(대화는 3분을 넘기기 시작했다). 결국 나는 그와 데이트하기로 했다. 그때 이 청년에게서 예상치 못했던 점을 발견했다. 그는 완전히 괴짜였다. 우리는 물리학, 프로그래밍, 건축, 역사에 관해 얘기했다. 그리고 그가 몇 시간씩 위키피디아를 읽으며, 그의 뇌는 흥미롭지만 기본적으론 쓸모없는 팩트들을 기억하는 묘한 능력이 있음을 알게 됐다. 약간 두근거리는 가슴을 숨기며, 저녁밥을 남겼다.

저녁을 먹는 동안 추파남은 내게도 약간 '덕후' 기질이 있음을 알

다리

아차리고는 내 관심을 끌기 위해 교묘한 전략을 생각해냈다. 첫 데이트를 마치고 다음날 아침 이메일을 열었을 때 '첫 번째 오늘의 다리'라는 제목의 이메일이 도착해 있었다.

"적절한 댐핑 분석을 해야 하는 이유를 보여주는 예." 이메일을 읽었다. 1940년에 비교적 약한 바람에 폭삭 무너져 내린 워싱턴의 타코마 다리(Tacoma Narrows Bridge) 이야기였다. 그 후로 매일 아침마다 나는 잠이 널 깬 채로 로그인을 했다. 그러고는 새로운 '오늘의 다리' 메일이 와 있는 것을 보면 평소 심술궂던 내 얼굴에 미소가 활짝 번졌다. 실제로 일주일 내내 그는 위키피디아 링크와 다리 사진을 내게 보냈다. 어떤 다리는 뒷이야기가 재미있고 설계가 독특했으며, 어떤 다리는 처참히 붕괴됐거나 그냥 아름다워 보였다. 내가 그렇게 빤했나? 나를 꼬이는 것이 분명 그렇게 단순하지는 않았을 텐데….

이메일 발신자는 여전히 좀 짜증났지만, 그의 다리 이야기는 재미있었다. 덕분에 내가 들어보지 못한 다리들에 대해서도 배웠다. 일주일 동안 그런 선물을 받은 뒤에 나는 적어도 그의 작업 멘트가 꽤 괜찮았음을 인정해야 했다. 다리 시리즈를 세레나데로 받는 것은 흔한 일이 아니니까 말이다. 추파남에게 경의를 표하며, 내 버전으로 '오늘의 다리'를 만들었다. 전 세계에서 내가 좋아하는 다섯 가지 다리를 골랐는데, 바라건대 독자 여러분이 들어보지 못했을 특이하거나 잘 알려지지 않은 것이기를. 각 다리는 실크에서 강철에 이르기까지 다양한 재료로 만들어졌다. 역사상 서로 다른 시기에 서로 다른 공법으로 지어진 다리들을 골랐다. 그중 하나는 움직

빌트

이고, 다른 하나는 의도하지 않았던 탄성을 지녔으며, 또 다른 하나는 고대 왕이 만들었다. 각 다리에는 고유한 공학적 특징이 있다. 대대로 인간이 계곡과 강을 건넌 수천 가지 창의적인 방법을 훑어볼 수 있다.

1. 구 런던교(Old London Bridge) – 나쁜 설계는 얼마나 위험한가?

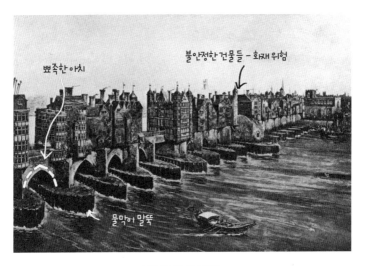

종종 무너진 구 런던교.

이 다리는 1831년에 결국 무너졌기 때문에 내가 직접 본 적은 없다. 그 격동의 역사가 신비로운 분위기를 풍긴다. 이건 한 사람의 열정과 인내 덕분에 건설되어 600년 넘게 템스강을 가로지른 전설적인 다리다. 무엇보다도 수세기 동안 변함없이 런던 사람들에게 도움이 됐지만 결국에는 사라졌다는 점이 매혹적이다. 구 런던교는

다리

인상적일 만큼 오래 지속됐지만, 구조물로는 실패했다.

로마인들은 부지런하고 효율적인 다리 건설가였다. 그러나 서기 4, 5세기에 서로마제국이 쇠퇴한 이후 1100년대까지 다리가 거의 건설되지 않았다. 이 시점에 교회는 기금을 모아 수많은 다리를 짓기 시작했다. 그중 상당수에는 다리를 안전하게 지나가게 해달라고 기도하는 예배당이 있었다. 이 예배당들은 다리 유지에 재정적으로 보탬이 됐다. 전설에 따르면 생 베네제(Saint Bénézet, 종교적 환영을 통해 아비뇽 다리를 지으라는 계시를 받은 인물)가 '다리의 형제들(Fratres Pontifices)'을 설립하고 종교나 지역사회에 필요한 다리를 건설했다고 한다.

이런 상황에 힘입어 런던의 작은 예배당 부목사인 콜레처치의 피터(Peter of Colechurch)가 1176년 템스강에 새 다리를 짓기 위해 기금을 모으기로 했다. 그는 런던 최초의 돌다리를 짓기 위해 왕부터 소작농까지 모든 사람에게서 기부금을 모았다. 예전에 목조 다리가 있었지만, 폭풍우, 화재, 군사 작전, 단순 방치 등 다양한 이유로 파괴됐다. 그러나 감조하천(tidal river, 조석의 영향으로 하류의 수위나 염분, 유속이 변하는 강-옮긴이)에 돌로 다리의 기초를 놓으려는 시도는 처음이었기 때문에 피터에겐 분명 몹시 어려운 일이 될 것이었다. 템스강은 쉽게 다리를 놓을 수 있는 강이 아니었다. 물의 높이가 거의 5미터까지 움직이고 강바닥은 완전히 진흙투성이인데다 유속이 빨라서 상판을 지지하는 기초와 교각을 놓기가 극도로 어려웠다. 게다가 여행자들이 다니는 조악한 자갈길을 통해 덜거덕거리면서 돌을 운반해야 했기 때문에 현장에 재료를 옮기는 것조차

고역일 터였다. 하지만 피터는 의연하게 이 엄청난 일을 맡았다.

중세 런던인들은 첫 돌다리를 건설하는 일에 분명 너무 놀라 할 말을 잃었을 것이다. 그들은 아마 바지선에 설치된 항타기가 고막을 찢을 듯한 굉음을 내는 것을 들었을 것이다. 항타기는 무거운 것을 천천히 감아 올렸다가 아래로 떨어뜨림으로써 강바닥에 기둥을 때려 박았다. 그 뒤에 그들은 기둥 위에 '물막이 말뚝(starling)'이라고 불리는 인공 섬이 설치된 것을 보았을 것이다. 각각은 노를 젓는 배처럼 생겼고 크기가 다른 암석과 돌로 지어졌다. 물막이 말뚝, 그 위로 솟아올라 다리의 상판을 지지하는 교각, 즉 기둥들은 거대했고 폭이 5미터에서 8미터까지 불규칙했다. 사람들은 목수가 아치처럼 생긴 나무 골격을 교각에 붙이는 것을 목격했다. 중앙에 나무 골격들을 놓고 그 위에 (바지선에서 위태롭게 들어올린) 조각한 돌들을 올려서 아치를 만들었다. 아치 하나가 완성되기까지 꼬박 1년이 걸렸다.

33년 뒤인 1209년 길이 280미터에 폭은 거의 8미터에 달하는 다리가 완성됐지만, 콜레처치의 피터는 그때까지 살지 못했다. 그는 다리에 29년을 바친 뒤 숨을 거뒀고 다리에 있는 예배당 지하묘지에 묻혔다.

완성된 다리는 엄청나게 조잡했다. 뾰족한 고딕 스타일로 아무렇게나 자른 돌로 만든, 크기와 모양이 제각각인 19개의 아치가 있었다. 이슬람 건축물에서 영감을 얻은 뾰족한 아치는 당시 모든 건물과 교회에 유행했지만, 다리에 쓰기엔 효율적인 모양이 아니었다. 물론 그런 아치 덕분에 중세의 교회들은 그 어느 때보다 높게 지어

다리

졌지만, 다리는 전혀 높을 필요가 없었다. 그저 강 양쪽을 잇기에 적당한 높이면 충분했다. 보다 전통적인 반원형 로마 아치가 더 적절할 수도 있지만, 그럴 경우 엔지니어는 실속보다 스타일을 추구하는 것처럼 보인다. 중앙에는 배가 통과할 수 있도록 도개교(drawbridge, 위로 열리는 구조로 만든 다리-옮긴이)가 있었으며, 양쪽 끝에는 방어용 정문이 있었다.

템스강은 조석에 따라 수위가 높아지고 낮아진다. 지나치게 넓은 물막이 말뚝과 교각이 강을 거의 3분의 2나 막아 물의 원래 흐름이 너무 많이 방해받았다. 그래서 조석이 바뀔 때면 물이 빠지지 못하는 바람에 다리 한쪽이 다른 쪽에 비해 수위가 훨씬 높았고 정체된 강물은 치명적인 급류를 만들어냈다. 어리석은 선원들을 제외하곤 모두들 배가 뒤집히는 것이 두려워서 그 시간엔 다리 밑을 지나지 않았다. 그럼에도 수백 명이 죽었다. 이 다리가 "현명한 이는 피하고 어리석은 이는 아래로 지나도록" 만들어졌다는 격언에 귀를 기울였다면 그들은 목숨을 구했을지도 모른다.

설상가상으로 다리 위에 집들이 들어서기 시작했다. 지금은 나도 다리 위에서 사는 것이 멋지게 느껴진다. 하루가 가는 동안 강의 변화를 보고 멋진 일몰을 즐기는 것은 확실히 행복감을 주는 경험일 것이다. 이탈리아 피렌체의 베키오 다리에서 그런 행복감을 잘 느낄 수 있다. 베키오 다리는 신중하게 계획하고 지은 집과 가게들이 평화와 질서를 느끼게 하는 반면 런던교에 지어진 집들은 혼란만 더했다.

수많은 3, 4층짜리 집과 가게들이 다리 가장자리에 쑤셔 넣듯 지어졌다. 무려 100채 이상 말이다. 가게 주인들은 임시 가판대를 설치했다. 공중 화장실은 구조물 옆면에 툭 튀어나와 있었고 그 아래의 강으로 오물이 바로 배출됐다. 다리는 건물 무게를 고려하여 설계되지 않았고 건물들은 서로 안전하게 떨어져 있지 않았기 때문에 화재 위험이 컸다. 정말 이 다리는 언제 사고가 터질지 모르는 곳이었다. 1212년 화재로 인해 대부분의 집들이 파괴됐다. 마찬가지로 다리 위를 가득 메우고 있던 수천 명의 불운한 사람들은 화마가 다리 한쪽 끝을 집어삼키는 모습을 목격했다. 그리고 다음 순간 강한 바람에 다리 반대쪽 끝으로 불씨가 날아가면서 새로운 불이 시작됐고 사람들은 다리 중간에 갇히고 말았다. 3000구가 넘는 시신이 불에 심하게, 또는 부분적으로 탄 채 발견됐고 더 많은 사람이 신원을 확인할 수 없는 잿더미가 되어버렸다. 1381년과 1450년에 일어난 봉기와 반란으로 다리 상당 부분이 또다시 초토화됐다.

15세기까지 다리 위의 건물들은 두 배나 늘어나고 두 배나 높아졌다. 높고 돌출된 이들 구조물 탓에 길이 어둡고 음산해지는 바람에 수레와 마차, 소와 보행자들은 힘겹게 지나다녀야 했다. 피크 타임에는 다리를 지나는 데 한 시간이 걸렸다. 주택의 무게에 화재와 급류에 의한 교각의 마모가 더해지면서 구조물 일부가 항상 물속으로 허물어졌다.

1633년 또 한 번의 화재로 주택 3분의 1이 소실됐다. 그 불로 강변의 집들과 다리 위의 집들 사이에 틈이 생기는 뜻밖의 좋은 결과가 벌어졌지만 말이다. 1666년 런던 대화재 때 이 틈 덕분에 불이 번지지 않았고 다리도 무사했던 것 같다. 아슬아슬하게 재난을 피

다리

했음에도 주민과 가게 주인들은 교훈을 얻지 못했다. 1725년에 또 다른 화재로 집 60채와 아치 두 개가 파괴되었던 것이다.

*

집들은 1757년 결국 철거됐고 다리는 1832년까지 유지됐다. 이 때 새 런던교(토목 엔지니어 존 레니John Rennie가 설계)가 옆에 나란히 시어섰다. 그러나 원래 다리는 여전히 우리 문화에 확고히 자리하고 있다. 내가 어렸을 때 우리 엄마는 사투리가 약간 들어가고 음정이 맞지 않는 목소리로 "런던 다리가 무너지네, 내 아름다운 여인"이라고 노래하며, 그 위태로운 역사에서 영감을 받은 동요를 가르쳐줬다. 공학에 관한 희귀한 노래다. 미래의 엔지니어들에게 미리 나쁜 설계의 위험성을 가르쳐준다.

2. **부교(Pontoon)** - 674척의 배로 만든 바다 위 다리

다리를 떠올릴 때 사람들은 흔히 공중에 높이 떠 있어서 피해 가야 할 방해물을 깔끔하게 가로지르는 무언가를 상상한다. 그러나 나의 두 번째 다리는 이런 이미지를 거부한다. 고대 페르시아 왕 크세르크세스는 복수를 위해 다름 아닌 바다를 건너게 해줄 거대한 '다리'를 만들었다. 그는 물 위를 날아가듯 건너는 대신 물의 부력을 이용해 '부교'를 만들었다.

크세르크세스의 아버지 다리우스 1세는 어떤 저항도 없이 중앙아시아의 대초원에서 아나톨리아 끝까지 통치한 역사상 가장 위대

크세르크세스가 헬레스폰트 해협에 놓은 다리. 배로 바다를 잇는 부교 역할을 했다.

한 황제 중 하나였다. 그의 제국은 알렉산드로스 대왕의 제국보다 훨씬 더 컸다(그리고 그의 후대에는 훨씬 커졌다). 기원전 492~490년엔 그리스의 작은 도시국가들도 자신이 통치해야 한다고 생각했고, 결국 마라톤으로 진군해 아테네와 플라타이아 군대와 싸웠다. 놀랍게도 거기서 패배하면서 페르시아의 첫 그리스 침략은 끝이 났다.

다리우스는 두 번째 침공을 계획했지만, 실행하지 못하고 죽었다. 크세르크세스는 아버지가 마라톤에서 겪은 굴욕을 결코 잊지 않았다. 그는 그리스 도시국가들을 페르시아제국 밑에 두려던 다리우스의 꿈을 완수하기로 했다. 크세르크세스는 수년간 병사들을 훈련시키고 보급을 계획하고 군수품을 축적한 뒤 공격을 개시했다. 대부분의 그리스 도시국가가 항복했지만 아테네와 스파르타는 저항했다.

다리

기원전 480년 페르시아 군대는 현대 유럽과 아시아의 터키를 가르는 해협인 헬레스폰트(지금은 다르다넬스로 알려져 있다)를 통해 트라키아로 진군하려다 난관을 만났다. 심한 폭풍우로 페니키아인과 이집트인들이 지은 다리들이 무너지는 바람에 바다를 건너려던 첫 시도가 좌절됐던 것이다. 크세르크세스는 오만불손한 바닷물을 채찍으로 300대 치라고 명령했다. 또 두 개의 무너진 다리를 지은 엔지니어들을 참수했다.

짐작건대 후임 엔지니어들은 목숨을 부지하기 위해 훨씬 튼튼한 구조물을 지었을 것이다. 페르시아인들은 1.5킬로미터 길이의 깊은 해협을 건너야 했지만 당시로선 다리를 놓기에 너무 먼 거리인데다 헬레스폰트 해협은 물속의 단단한 지면에 기초를 세우고 지지대 사이에 자재를 놓는 전통적인 건설 기술을 쓰기에는 너무 어려운 곳이었다. 헤로도토스의 《역사》에 따르면, 그들은 배 674척(노 50개가 있는 그리스 선박인 '펜테콘테르penteconter'와 3단 노가 있는 낮고 평평한 선박인 '트라이럼trireme'이 섞여 있었다)을 모아 두 줄로 나란히 놓았다. 각 줄 위에는 아마섬유 밧줄 두 개와 파피루스 밧줄 네 개를 놓았다. 매우 굵직한 이들 밧줄로 배들을 서로 묶어 상판의 기초를 만들었다.

엔지니어들은 기다란 나무판자를 팽팽한 밧줄 위에 맞대어놓았다. 그러고는 판자들을 서로 묶고 잔가지와 나뭇가지를 고르게 덮은 다음 그 위에 흙을 다져서 군대가 행군할 수 있게 했다. 다리의 상류와 하류에는 무거운 닻을 놓았다. 동쪽에 있는 닻은 흑해에서 불어오는 바람에 배가 해협 아래로 떠밀려가지 않게 했고 다른 닻들은 서쪽과 남쪽에서 불어오는 바람에 저항했다. 말들이 물을 보고 겁먹지 않도록 널따란 통로의 측면을 따라 울타리를 설치했다.

배다리를 완성하자마자 크세르크세스는 안전하게 바다를 건너게 해달라고 기도했다. 아마도 태양을 향한 제물로서, 혹은 바다를 회유하는 방식으로서 컵과 황금 사발, 페르시아 검을 해협에 던졌다. 그 뒤에 군대는 이 기념비적인 부교를 건너 트라키아의 그리스인들에게로 향하기 시작했다. 이모탈(Immortal)이라 불리는 크세르크세스의 정예 전사들을 포함한 페르시아인들이 해협 한쪽에서 반대쪽까지 건너는 데는 7일 밤낮이 걸렸다고 한다.

이런 공학적 업적에도 불구하고 이 이야기는 군사적으로는 그리 서사적이지 못하다. 크세르크세스는 살라미스와 플라타이아 전투에서 패했고 전투와 굶주림으로 많은 병사들을 잃은 뒤 페르시아로 후퇴했다. 크세르크세스는 용케도 자연은 정복했지만, 그리스인까지 정복할 수는 없었다.

*

떠 있는 다리, 즉 부교는 기원전 11~6세기에 중국에서 큰 강을 건너기 위해 판자를 얹은 배를 사용한 것이 기원이라고 한다. 부교는 고대 그리스와 로마 시대를 거쳐 계속 사용됐다. 칼리굴라 (Caligula, 로마제국의 제3대 황제-옮긴이)가 건설해 퍼레이드에서 의상을 과시한 악명 높은 사례가 있다. 부교는 물을 건너는 통로를 빠르고 효과적으로 조립했다가 해체하는 기술이기에 전쟁에서 군인들이 자주 사용했다. 물이 깊거나 폭이 넓거나 시간이 촉박할 때 부교

다리

는 좋은 대안이었다. 그러나 폭풍우나 물살은 부교에 악영향을 끼쳤다. 강한 폭풍에 무너진 경우(미국에 있는 머로 후드 운하교Murrow and Hood Canal Bridges 등)가 많았다. 만약 배 한 척에 물이 차면 다른 배들까지 물속으로 끌어당겨서 결국 전체가 가라앉는다. 그래도 다행인 것은 부교가 가라앉아도 엔지니어들은 크세르크세스의 엔지니어들과 같은 운명에 처하진 않을 거란 점이다.

3. 폴커크 휠(Falkirk Wheel) – 대관람차를 닮은 다리

회전하는 다리인 폴커크 휠.

크세르크세스의 배다리는 파도를 따라 위아래로, 물살을 따라 좌우로 흔들리므로 그걸 따라 걷는 것은 당혹스러웠을 것이다. 사람들은 알아챌 수 있을 정도로 구조물이 움직이는 것을 좋아하지 않는다. 구조물이 안전하지 않다는 생각에 겁을 집어먹기 때문이다. 하지만 회전하는 다리라면 어떨까? 많은 다리가 육지의 교통수단이 물을 건너게 해주지만, 내가 좋아하는 다리 중 하나는 물의 교통수단이 육지를 건너가게 해준다.

머리가 두 개 달린 켈트 도끼는 가공할 만한 무기였다. 축 양쪽에 날이 달려 있어서 용감한 전사가 전투에서 도끼를 오른쪽이나 왼쪽으로 휘두르면 똑같이 파괴적인 결과를 낼 수 있었다. 이 위협적인 도구는 겉보기와는 달리 세계적으로 멋지고 특이한 구조물인 폴커크 휠에 영감을 주었다.

스코틀랜드의 저지대 운하는 한때 활기가 넘쳤다. 1822년 개통한 유니언 운하(Union Canal)는 수도에 석탄을 들이고 도시의 공장들에 연료를 공급하는 통로로서 폴커크에서 에든버러까지 연결돼 있었다. 포스 클라이드 운하(Forth and Clyde Canal, 1790년 개통)는 당시 스코틀랜드의 산업 중심지로 빠르게 성장하고 있던 작은 마을인 글래스고에서 같은 목적으로 이용됐다. 그러나 1840년대에 철도 네트워크가 개발되기 시작하자 이들 운하는 다른 수많은 것들과 마찬가지로 쓸모가 없어졌다. 기차로 광물을 옮기는 것이 더 빨랐기 때문이다. 운하는 점차 황폐해졌고 1930년대에는 운하 시스템의 일부가 막혔다. 이전의 주요 운송로는 영원히 봉쇄됐다. 아니, 그렇게 보였다.

20세기 말 건축가와 엔지니어들은 글래스고와 에든버러 사이, 특히 포스 클라이드 운하와 유니언 운하 사이에 수로 기반의 연결수단을 만들어 운하를 재개통하기로 합의했다. 200년 된 수로를 다시 사용하면 운하 주위의 지역사회에 환경적, 경제적 이점이 생긴다. 그러나 여기에는 몇 가지 어려움이 있었다. 무엇보다도 운하 사이에 있는 크고 가파른 경사를 가로지르는 것이 쉽지 않았다. 운하 건설가들이 경사 문제를 처리하는 전통적인 방식은 '갑실(lock)'이었다. 양끝에 문(즉 한 쌍의 문)이 달린, 길고 좁고 벽이 높은 갑실을 운하의 낮은 쪽과 높은 쪽 사이에 설치해서 물을 막거나 '잠갔다(lock)'. 운하를 거슬러 오르는 바지선의 선원들은 챔버 안으로 늘어간 다음 등 뒤에 있는 낮은 쪽 문을 닫는다. 그러고는 수문의 다른 쪽 끝에서 '패들(덧문이 달린 구멍)'을 들어올려 높은 쪽 운하로부터 물이 유입되게 한다. 갑실에 점차 물이 차올라 높은 쪽 운하와 수위가 같아진다. 이 시점에 바지선 선원들은 위쪽 문을 열어 항해를 계속한다. 운하를 내려가는 바지선 선원은 같은 과정을 반대로 한다. 원래 에든버러와 글래스고 사이를 오가는 여정은 44개의 갑문을 열고 닫으면서 11개의 갑실을 거쳐야 하는, 몹시 피곤한 하루치의 뱃길이었다. 하지만 어쨌든 갑실도 이미 없어진 뒤였다. 그래서 엔지니어들은 더 현명한 아이디어를 내야 했다.

오늘날 에든버러에서 출발해 유니언 운하를 따라 클라이드나 글래스고를 향해 서쪽으로 이동하면 배는 끝내 낭떠러지에 도달하게 되고, 외견상 텅 빈 공간으로 담대하게 돌출된 수로에서 멈추게 된다. 이곳이 유니언 운하의 끝이다. 여기서 배는 대략 8층 건물 꼭대기에 해당하는 24미터 상공에 있게 된다. 이 고도에서 낮은 유역으로 내려가 포스 클라이드 운하를 따라 떠다니려면 배가 켈트 도끼를 현대적으로 해석한 특출한 공학 작품 안으로 들어가야 한다.

배 앞에 지름이 35미터인 거대한 수직 바퀴(대관람차 같은)가 있다. 거기엔 180도 회전하는 도끼 모양의 팔 두 개가 있다. 각 팔에는 선박 두 척과 물 25만 리터를 실을 수 있는 일종의 곤돌라가 있다. 유압식 철문이 고지대 운하에서 쏟아지는 물을 막아준다. 바퀴의 곤돌라가 수로 끝과 일직선이 되면 운하 끝에 있는 문과 곤돌라 끝에 있는 문이 열리고 배가 곤돌라로 곧장 들어갈 수 있게 된다. 배가 곤돌라로 들어가면 문이 다시 봉쇄되고 팔이 회전하기 시작한다.

놀이공원에서 대관람차가 돌아갈 때 좌석도 따라 움직이기 때문에 관람객들은 수직으로 앉아 있을 수 있다. 아래에서 위로 올라갔다가 다시 내려갈 때 관람객의 방향은 그대로 유지된다. 비슷한 방식으로 폴커크 휠이 팔을 공중으로 돌릴 때 곤돌라는 기어와 톱니바퀴로 이뤄진 복잡한 시스템 덕분에 항상 수평으로 유지된다. 180도 회전을 한 번 하는 데는 물 여덟 주전자를 끓일 때와 맞먹는 양의 전기가 필요하다. 한마디로 전력이 거의 필요 없는 셈이다. 이는 아르키메데스의 원리(물에 물체를 넣으면 자기 무게만큼 물을 대체한다는 유명한 원리) 덕분이다. 예를 들어, 한쪽 곤돌라에 배 한 척이 실려 있고 다른 쪽 곤돌라에는 배가 없어도 두 곤돌라는 여전히 무게가 같을 것이다. 배 무게만큼의 물이 곤돌라에서 빠져나갔을 테니까. 그래서 양쪽 팔의 수위가 같은 한은, 바퀴가 관성을 극복하고 회전을 시작하기 위한 최소한의 전력만 있으면 균형 잡힌 팔이 모멘텀에 의해 전원이 꺼지기 전까지 회전한다. 운하의 원래 갑실 시스템을 지나가기 위해 꼬박 하루가 걸렸던 것과 달리 폴커크 휠은 상부

다리

유역에서 하부 유역(또는 그 반대)까지 단 5분 만에 배를 옮긴다.

*

벨기에의 스트레피-티유(Strépy-Thieu), 니더피노우 리프트 (Niederfinow Boat Lift, 독일에서 가장 오래 작동 중인 배 리프트), 중국의 샨샤댐(三峡댐, 현재 세계에서 가장 높은 배 리프트로, 무려 113미터 수직으로 배를 옮긴다) 등 전 세계적으로 배를 옮기는 리프트가 몇 개 있지만, 폴커크 휠을 보거나 탈 때는 특별한 설렘이 있다. 아마도 폴커크 휠이 어린 시절 축제에 대한 기억을 끌어내기 때문일 것이다. 이는 공학에 심미적인 면, 심지어 사람들의 향수를 불러일으키는 면이 있음을 보여주는 본보기다.

4. 실크 다리(Silk Bridge) – 세상에서 가장 긴 거미줄 다리

어느 날 저녁 텔레비전을 켜놓고 책을 읽었다. 프로그램 진행자의 목소리가 거실을 울렸지만 귀 기울여 듣지는 않았다. 그런데 갑자기 '강한 물질'과 '다리'라는 단어가 들려오면서 내 귀는 고양이 귀처럼 쫑긋 섰다. 진행자는 세계에서 가장 다리를 많이 만드는 건설가에 대해 얘기하고 있었다. 특이하게도 그는 여성이며(그리스 신화에는 베 짜기의 명수인 아라크네라는 여인이 아테나 여신에게 도전했다가 여신의 마음을 받아 거미로 변한 것으로 나온다-옮긴이) 마다가스카르에 살고 있었다.

그녀는 엄지손톱만 한 키에 털이 북실북실한 여덟 개의 다리를

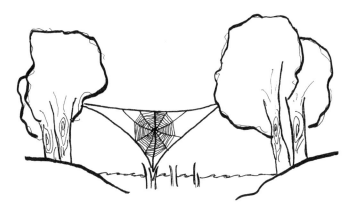

세계에서 가장 긴 거미줄 다리인 실크 다리.

가졌고 몸은 나무껍질처럼 울퉁불퉁 거칠다. 거친 몸은 데이비드 애튼버러(David Attenborough, 영국의 동물학자이자 방송인으로 앞 문단에 등장한 쇼 진행자를 말하는 듯하다-옮긴이)가 설명했듯 그녀를 포식자로부터 보호하는 위장술이다. 그녀는 몸에 붙은 '방적돌기(spinneret)' 덕분에 훌륭한 교량 엔지니어가 될 수 있다.

다윈의 나무껍질거미(Darwin's bark spider)는 강이나 호수를 가로지르는 25미터 길이(몸길이의 1000배다)의 다리를 만들 수 있다. 그러나 그녀는 대부분의 다리 건설가들과는 달리, 한쪽에서 다른 쪽으로 건너갈 방법을 찾는 것이 아니다. 그녀는 먹이를 구하려는 것뿐이다.

그녀는 강둑의 초목 속을 분주히 돌아다니며 (다른 전문 엔지니어들처럼) 프로젝트를 실행하기에 적합한 장소를 찾은 뒤 방적돌기에서 끈적끈적한 수십 개의 실크 실을 방출한다. 영화 속 스파이더맨의

다리

손목에서 나오는 것처럼 실이 뿜어져 나와 울창한 숲속의 강물 위로 부는 바람에 실린다. 이 실들은 강 건너로 날아가 그곳의 초목에 들러붙는다. 건설의 첫 단계인 이 실크 실을 '브리징 라인(bridging line)'이라고 부른다. 브리징 라인은 자체 무게로 축 처지는 일종의 현수선이다. 거미는 실이 단단히 고정됐는지 확인하기 위해 재빨리 잡아당기면서 실이 너무 많이 처지지 않도록 작은 갈고리처럼 생긴 다리털로 실을 살짝 감는다.

그녀는 줄을 따라 기어가면서 브리징 라인을 검사하고 더 많은 실크와 분비물로 줄을 튼튼하게 보강한다. 반대쪽 끝에 다다르면 브리징 라인이 들러붙은 초목 주변에 실을 더 감아 보강한다. 단순히 바람에 날려 나뭇가지에 들러붙은 연결부를 나머지 구조물의 무게를 지탱할 정도로 튼튼하게 만드는 것이 중요하다. 이제 브리징 라인을 고정해야 한다. 거미는 물에서 튀어나온 커다란 풀잎 같은 것을 찾아내고는 줄을 따라 풀잎 바로 위에까지 이동한다. 실크를 더 뽑아내면서 천천히 몸을 내리고는 강 표면에 가까운 풀잎에 고정점을 붙임으로써 거미줄에 T자 골격을 만든다.

그 후 몇 시간 동안 거미는 T자 골격을 기반으로 더 많은 실크 실을 붙여가며 앞뒤로 조금씩 왔다 갔다 한다. 브리징 라인에서 고정점까지 커다란 원형으로 계속해서 새로운 실크를 뽑아내고 직조한다. 끈적거리지 않는 일부 실크는 건축물의 구조적 뼈대로 기능한다. 나머지는 끈적끈적해서 실제로 먹이를 붙잡는 거미줄을 구성할 것이다. 그녀는 결국 지름이 2미터가 넘을 수도 있는 거대한 구를 만들어낼 것이다.

다윈의 나무껍질거미는 먹이를 잡기 위해 물에 다리를 놓는 유일한 거미다. 희생자는 강 한가운데를 날아가는 맛있는 하루살이와 잠자리, 실잠자리다. 거미줄의 지름이 크다는 것은 어쩌면 새나 박쥐 같은 작은 생물도 잡힐 수 있다는 뜻이다.

거미줄 크기도 매우 인상적이지만 거미줄에 사용되는 실크는 훨씬 더 놀랍다. 사실 그래야 말이 된다. 그렇게 큰 구조를 만들려면 아주 특별한 재료가 필요하다. 실험실에서 다윈의 나무껍질거미의 실크를 갈고리에 연결해 천천히 당기는 실험을 했다. 그 결과, 이 작은 생명체가 생산한 실크는 놀라운 '탄성(elasticity)'을 지니고 있었다. 탄성은 하중이 걸렸을 때 물질이 늘어났다가 회복되는 속성이다. 하중을 제거한 뒤 물질이 원래 크기로 돌아가면 '탄성 변형(elastically deformed)'된 것이고, 원래 모양으로 완전히 회복되지 않으면 '소성 변형(plastically deformed)'된 것이다. 실험 결과, 다윈의 나무껍질거미의 실크는 다른 거미들의 실크보다 탄성이 두 배 뛰어난 것으로 나타났다. 또한 다윈의 나무껍질거미의 실크는 매우 '질기다(tough)'. 인성(toughness)은 재료에 균열이 생기지 않고 에너지를 얼마나 많이 흡수하는지를 나타내는 성질이다. 이는 강도(strength, 재료가 얼마나 큰 하중에 견딜 수 있는지)와 연성(ductility, 재료가 파괴되지 않고 얼마나 변형될 수 있는지)의 조합이다. 사실 다윈의 나무껍질거미의 실크는 지금까지 발견된, 가장 질긴 생물학적 물질로, 강철보다 질기다.

탄성과 인성은 건축 자재를 위한 훌륭한 조합이다. 고무 밴드를 예로 들어보자. 가늘고 잘 늘어나는 밴드는 길게 늘어나기는 하지

다리

만 적은 하중만을 견딜 수 있다. 고무 밴드는 탄력이 있고 연성이지만 그리 강하지는 않기 때문이다. 반면 뚝뚝 끊어지는 고무로 만든 아주 두꺼운 밴드는 더 큰 하중을 견딜 수 있지만 갑자기 끊어질 수도 있다. 강하지만 쉽게 망가지는 성질을 지녔기 때문이다. 반면 다윈의 나무껍질거미의 실크는 이 모든 특성이 이상적으로 균형을 이루고 있다. 큰 힘을 흡수하는 동시에 끊어지지 않고 길게 늘어날 수 있다. 덕분에 다윈의 나무껍질거미의 실크는 세계에서 가상 큰 거미줄을 만드는 완벽한 재료가 된다.

＊

인간만이 구조물을 창조하는 것이 아니라는 사실을 상기시키기 위해 다윈의 나무껍질거미의 다리를 여기 포함시켰다. 이 생물이 보여주듯 사실 인간은 여전히 자연을 따라가고 있다. 상대적인 몸집을 고려하면 이제야 인간은 이 거미에 필적할 만한 다리를 짓게 되었다. 바로 현재 최장 경간 기록(1991미터)을 보유한 일본의 아카시 카이쿄 다리다. 사람들은 이미 자연에서 영감을 받고 있다(이런 설계 유형을 '생체모방biomimicry'이라고 한다). 짐바브웨 이스트게이트 센터(Eastgate Centre)의 환기 시스템은 다공성의 흰개미집에서 영감을 받았고 밀워키 미술관(Milwaukee Art Museum)의 쾨드라치 파빌리온(Quadracci Pavilion)에는 새의 날개에서 영감을 받은 접이식 햇빛 가리개가 있다. 하지만 나는 자연에서 훨씬 많은 것을 배울 수 있다고 믿는다. 놀라울 정도로 질기고 가벼운데다 가닥가닥을 강이나 계곡 건너편으로 발사할 수 있는 슈퍼 재료를 개발하는 것은 모든 엔지니어의 꿈일 것이다. 그러면 사람도 다윈의 나무껍질거미처럼 기다란 다리를 몇 시간 만에 완성할 수 있을 것이다.

5. 이시부네 다리(Ishibune Bridge) – 내가 이 단순하고 우아한 다리를 기억하는 이유

현수선 다리인 이시부네 다리.

엄마와 나는 도쿄의 호텔에서 작은 그림처럼 보이는 섬세하고 소용돌이치는 필체로 주소가 적힌 종이 한 장을 받았다. 글씨는 아름다웠지만 읽을 수 없었기 때문에 종이를 그냥 택시 기사에게 건네고는 목적지로 데려다주길 바랐다.

비가 너무 많이 와서 어디로 가는지 거의 보이지 않았지만 도시를 떠났다는 것은 알 수 있었다. 이제 우리는 울창한 녹색 숲으로 뒤덮인 가파른 비탈에 둘러싸여 있었다. 우리는 좁고 구불구불한 길을 더 높이 올라가 마침내 더 아름다운 문자들이 새겨진 빨간색 문 앞에 도착했다. 택시 기사는 멈춰 서서 차창으로 우리에게 손을 흔들었다. 나는 우리가 돌아왔을 때 그가 여전히 거기에 있길 바랐다. 나는 재킷 지퍼를 올리고는 간단한 스트레스 리본교(stress-ribbon bridge, 현수선 모양의 얇은 콘크리트 상부구조, 즉 바닥판을 지닌 구조의 다리로 현수바닥판교라고도 한다-옮긴이)의 완벽한 전형인 '이시부네 다리'를 향해 좁은 흙길을 따라 걸었다. 스트레스 리본교는 내가 이 특별한 여행을 계획하기 전까지 몰랐던 형태다.

그해 초에 나는 구조공학자협회(Institution of Structural Engineers) 에서 여행 보조금을 받았다. 특별한 유형의 다리를 연구하겠다는 내 제안이 받아들여진 것이었다. 동료들과 이야기를 나누고 연구를 진행하면서 영국에는 거의 없는, 우아하고 단순한 형태의 스트레스 리본교에 대해 알게 됐다. 그 다리에 대해 더 많이 배우고 왜 그렇게 드문지 알고 싶었다. 나는 이들 다리를 효과적으로 활용하고 있는 유럽과 일본을 여행한 뒤에 연구 결과를 발표해야 했다. 나는 먼저 체코공화국으로 갔다. 그곳 엔지니어들이 고속도로를 가로지르는 다리에서부터 같은 원리를 이용한 터널까지, 스트레스 리본교 기술을 활용한 거대한 구조물들을 보여줬다. 그 뒤 독일의 한 대학에서 13미터 길이의 실험실 프로토타입을 만든 연구원과 그걸 검사하고 실험하는 연구원을 만났다. 나는 몇몇 실험을 직접 해보기도 했다. 실험이라고 해봤자 다리가 공명하도록 상판에서 펄쩍펄쩍 뛰는 것이 고작이었지만.

작은 형태의 스트레스 리본교를 만들려면 베이크드빈 통조림 두 개를 1미터 간격으로 놓아 교대(다리의 양쪽 끝을 받치는 기둥-옮긴이)를 모방한 다음, 그 위에 굵은 끈 두 개를 늘어뜨리고 끈의 끝부분을 땅바닥에 해당하는 테이블 위에 테이프로 붙이면 된다. 상판으로는 성냥갑을 쓰면 된다. 성냥갑 여러 개에 구멍을 두 개씩(각 옆면에 하나씩) 뚫은 다음 끈 위에 올려놓는다. 자른 고무 밴드를 구멍으로 꿰어 성냥갑들을 연결한다. 고무 밴드가 늘어나 성냥갑들을 서로 압축시킬 것이다.

모형 다리의 경간 가운데를 누르면 지탱하는 끈이 조여지고(즉 장력이 생기고) 끈의 끝부분을 테이블 위에 고정하는 테이프가 당겨진다. 스트레스 리본교도 비슷한 방식으로 작동한다. 구멍에 느슨하게 걸린 강철 케이블이 다리를 형성한다. 지름이 거의 주먹만 할 정도로 두꺼운 케이블은 서로 꼬인, 수많은 얇은 강철 와이어로 구성돼 튼튼한 로프를 형성하고, 고무 피복으로 감싸여 있다. 양쪽 끝에 있는 콘크리트 교대가 케이블을 지지하고, 케이블은 지면에 단단히 고정돼 있다. 앵커는 다리 위에 사람들이 많을 때도 케이블이 당기는 힘을 감당할 정도로 튼튼하다. 밑면에 홈이 있는 콘크리트 판(성냥갑에 해당)을 강철 케이블 위에 놓은 뒤 케이블과 상판을 연결해 제자리에 둔다. 판에는 판을 관통하는 구멍이 뚫려 있다. 이 구멍으로 더 작은 강철 케이블을 꿰고 조여서 판을 서로 묶고 상판을 더욱 단단하게 만든다.

이 다리의 모양은 고대 선조들이 만든 기본적인 밧줄 다리를 연상시킨다. 밧줄 다리와 다윈의 나무껍질거미의 브리징 라인처럼 스트레스 리본교도 현수선이다. 스트레스 리본교는 콘크리트 판의 두께가 약 200밀리미터로 꽤 얇기 때문에 무게도 매우 가벼운데다 강철 케이블의 자연스러운 곡선 모양이 다리 미관을 가느다랗고 아름답게 만든다. 그리고 내게는 이 다리도 비교적 빨리 건설할 수 있어서 실용적이라는 점이 중요하다. 일단 기초가 세워지고 나면 미리 만들어둔 콘크리트 판을 케이블 위로 들어올리는 것은 금세 끝나는 간단한 일이다. 당연히 다리 건설이 주변 환경에 미치는 영향도 적다.

내가 고른 일본 다리의 구부러진 빨간 리본은, 유속이 빠른 작은 개울이 흐르는 깊은 골짜기를 가로질렀다. 나는 비가 세차게 내릴 때 상판으로 나섰다. 약간 탄력이 있었다. 속도를 바꿔가면서 몇 번이나 오르락내리락했고 상판 위에서 뛰기도 했다. 다리의 움직임에 당혹감을 느꼈다. 스트레스 리본교가 외관이 아름답고 건설에 시간도 많이 걸리지 않음에도 왜 그다지 인기가 없는지를 알 수 있었다.

다리가 가벼운데다 케이블 위에 놓여 있기 때문에 중간 부분이 많이 처진다. 이렇게 다리 끝에 비교적 가파른 경사가 생기면 유모차나 휠체어를 이용하는 사람들에겐 힘들 수 있다. 그리고 다리가 가볍고 유연하다는 것은 다리를 건널 때 불안정하게 느껴질 수 있다는 뜻이다. 스트레스 리본교는 완벽히 안전하더라도 대개는 움직이게 마련이라서 다리가 약간 부실하다는 인상을 줄 수 있다. 내가 이미 방문한 세 나라의 사람들은 그 다리를 무척 좋아했고 그 움직임에 익숙해져 있었다. 다른 곳에서는 불안정성에 대한 잘못된 인식과 더불어 힘을 지탱하는 선을 고정시키고 구조를 안정적으로 유지해줄 튼튼한 지반이 없다는 사실 때문에 스트레스 리본교가 인기를 끌지 못하는 것일 수도 있다.

나는 이미 몸속까지 흠뻑 젖었는데도 이 다리를 떠나지 못했다 (나는 이 흔치 않은 다리를 보기 위해 거의 1만 킬로미터를 여행했던 것이다). 다리가 흔들릴 때는 한 손으로 난간에 매달리면서 다른 손엔 힘겹게 우산을 쥐었다. 다리 중앙에 오랫동안 서 있는 것은 힘든 일이었다. 깊은 계곡, 그 사이로 솟구치는 빠른 물줄기, 가장 많이 흔들리는 다리 중앙 등이 나조차 불안하게 했기 때문이다.

그럼에도 자기 자신을 존중하는 여느 엔지니어들처럼, 택시 기사가 좌석을 눕히고 잠들어 있는 택시로 돌아가기 전에 엄마가 다리 위의 '제자리'에 서 있는 내 사진을 많이 찍었는지 확인했다. 우리는 차를 타고 도쿄로 돌아갔다. 그때까지도 몸이 질척질척했다.

여행 중에 공부한 스트레스 리본교가 두고두고 생각났다. 단순한 밧줄 다리가 진화하여 현대의 기술과 재료를 포용했다는 사실, 그리고 이 새로운 형태가 최신식임에도 원래의 단순성과 우아함을 유지해왔다는 사실에 고무됐다. 새로운 공학이 항상 크고 담대해야 하는 것은 아니다. 때론 변변찮은 근본에 의지할 수도 있다.

*

다들 추파남과 내가 어떻게 되었는지 궁금할 것이다. 말해줄 수 있는 것은, 내가 3분 만에 그를 처리했다고 자랑하는 이메일을 친구한테 보낸 것을 결국에는 후회하게 됐다는 사실이다. 4년 뒤에 그녀는 수백 명 앞에서 그 이메일을 큰 소리로 읽었다. 내 결혼식에서 신부 들러리로서 말이다.

그렇다, 사랑하는 독자들이여, 나는 그와 결혼했다.

다리

14

꿈

Dream

무엇을 상상하든
그 이상을 지어올릴 것이다

엔지니어가 없는 세상을 잠시 상상해보자. 아르키메데스를 버린다. 브루넬레스키, 베서머, 브루넬, 바젤게트도. 파즐러 칸, 오티스를 잊고, 그래, 에밀리 로블링과 로마 아그라왈도 없앤다. 뭐가 보이는가?

거의 아무것도 없다.

당연히 런던에는 고층 건물도, 강철도, 엘리베이터도, 집도, 하수구도 없을 것이다. 더 샤드도 없다. 전화도, 인터넷도, TV도 없다. 자동차도, 심지어 수레도 없다. 어차피 도로나 다리도 없을 테니, 오히려 다행스러운 일이다. 입을 것도 거의 없을 것이다. 옷을 만들기 위해 동물의 가죽을 꿰매는 일이 거의 없을 것이기 때문이다. 포장할 도구도, 불도, 진흙 오두막이나 통나무 오두막도 없을 것이다.

공학은 우리를 사람답게 만드는 중요한 부분이다. 물론 먹이를 줍기 위해 철사 조각으로 갈고리를 만드는 까마귀와 스스로를 보호하기 위해 코코넛 껍데기를 갖고 다니는 문어가 있지만, 적어도 지금까지는 인간이 이쪽 분야에서는 우위를 점하고 있다. 공학을 통해 가장 먼저 식량, 물, 주거지, 옷 같은 필수품을 얻었고, 그다음으로 농작물을 경작하고 문명을 세우고 달까지 날아갈 수단을 만들었다. 수만 년 동안의 혁신 덕분에 인류는 여기까지 왔다. 인간의 창의성은 무궁무진하다. 더 많이 생산하고 더 잘 살면서 다음 문제, 또 그다음 문제를 해결하기를 늘 열망할 것이다. 공학은 문자 그대로 삶의 기본 뼈대를 만들어냈다. 사람들이 살고 일하고 존재하는

꿈

313

공간을 빚었다.

공학은 우리의 미래도 만들 것이다. 불규칙한 기하학, 로봇공학이나 3D 프린팅, 지속 가능성에 대한 탐구, 다른 학문(생물공학 등)과의 융합, 생체모방 같은 공학의 트렌드가 풍경이 보이고 느껴지는 방식, 그리고 사람들이 지구에서 살아가는 방식을 또다시 바꿀 거란 사실이 내겐 이미 보인다. 그중 일부가 아직은 SF의 소재로밖에 보이지 않는다 하더라도.

고성능 컴퓨팅 덕분에 2010년 세계박람회에 등장한 스페인 파빌리온(Spanish Pavilion)의 물 흐르는 듯한 표면, 빌바오 구겐하임 박물관의 물결 무늬, 소라고둥 껍데기처럼 복잡하게 생긴 아제르바이잔의 헤이다 알리예프 센터(Heydar Aliyev Center) 등 복잡하게 구부러진 모양도 만들 수 있게 되었다. 기하학적 복잡함을 추구하는 이런 추세는 전통적인 사각형이나 직사각형 건물에서 벗어나 우리를 좀 더 자연스러운 형태로 이끈다. 현재 이런 형상을 만들려면 철강을 구부려서 맞춤형 윤곽을 만들거나 복잡한 콘크리트 주형을 만들어야 하기 때문에 여전히 비용이 많이 든다. 흥미롭게도 이들 주형을 만드는 비용이 전체 건설 프로젝트 예산의 60퍼센트까지 차지할 수도 있다. 콘크리트가 굳은 직후 버려지는데도 말이다. 사실 기둥, 벽, 보가 주로 직사각형인 이유는 주형(즉 '거푸집') 비용 때문이었다. 직선으로 된 합판을 사는 게 저렴하고 쉬운 것이다.

이제 이 같은 곡선 모양이 출현함에 따라 기둥, 벽, 보 등을 어떻게 만들지를 현명하게 생각해볼 필요가 있다(콘크리트는 원래 액체라 어떤 형태로든 바꾸기 쉽다). 한 가지 방법은 콘크리트를 부을 수 있는,

손이나 기계로 공들여 조각한 커다란 폴리스티렌 블록을 사용하는 것이다. 그러나 콘크리트가 일단 굳으면 블록이 쓸모없어지기 때문에 폐기물이 많이 나온다. 1950년대부터 있었지만 지금까지 드물게 사용해온 흥미로운 방법은 신축성 있는 멤브레인 주형이다. 헤센(hessian, 자루를 만드는 갈색 천-옮긴이)이나 포대 자루부터 폴리에틸렌(PE)이나 폴리프로필렌(PP)으로 만든 가벼운 플라스틱 판까지 거의 모든 재료로 만들 수 있다. 이들 직물은 처음엔 처져 있고 모양도 없지만, 콘크리트 반죽을 넣으면 이것들이 얼마나 반응이 빠르고 감각적인 재료인지 금방 드러난다. 즉 콘크리트가 직물과 상호 작용해 직물이 늘어나고 움직이면서 최종 형태가 만들어진다. 이질적으로 보이는 두 재료는 압력과 구속이 가해지면서 공생관계로 하나가 된다.

스페인 건축가 미구엘 피삭(Miguel Fisac)은 마드리드에 있는 MUPAG 재활센터(1969년 개장)를 설계할 때, 이 기법을 이용해 쿠션처럼 보이는, 탄력성 있는 파사드를 만들었다. 콘월에 있는 하트랜드 프로젝트(Heartlands Project)의 입구에는 하늘에서 흩날리는 실크 조각들로 장식된 것처럼 보이는 벽이 있다. 그러나 만져보면 단단한 콘크리트다. 나는 이 같은 구조물이 훨씬 대규모로 많이 생길 거라고 확신한다. PE나 PP판을 거푸집으로 쓰면 폐기물 양을 엄청나게 줄일 수 있는데다 이들 판은 쉽게 찢어지지 않고 만약 찢어져도 균열이 더 커지지 않기 때문이다. 게다가 콘크리트를 비롯해 어떤 것도 달라붙지 않아 여러 번 사용할 수 있다. 내부의 철근 강화 뼈대는 크게 바꿀 필요가 없고 콘크리트를 섞을 필요도 없다.

꿈

문제는 사람들이 이런 일에 익숙지 않다는 것뿐이다. 그것은 구조물의 미학을 완전히 바꾼다. 건설 물류나 조달과 마찬가지로 건축가와 엔지니어는 이를 따라잡아야 한다. 장담건대 조만간 그렇게 되면 나처럼 콘크리트를 쓰다듬는 사람이 늘어날 것이다.

재료를 쓰다듬는 것에 대해 얘기해보면, UC 버클리에서 나는 작은 시설이나 벽, 파사드, 주거지를 조립할 수 있는, 3D 프린팅된 모듈들을 손에 넣은 직이 있다. 모듈들은 색깔이 다양했다. 그렇게 색깔이 다양한 이유를 물었을 때 돌아온 대답에 난 너무나도 놀랐다. 하얀 것은 소금이었다. 검은 것은 재활용된 고무 타이어였다. 갈색과 회색은 각각 진흙과 콘크리트였고 보라색은 포도 껍질이었다. 그렇다, 포도 껍질 말이다. 로널드 라엘(Ronald Rael) 연구팀은 특이한 물질(인쇄 가능한 반죽을 만들기 위해 레진을 혼합한 것)로 재료를 만드는 방법을 연구하고 있다. 나는 연구팀이 불규칙한 구멍이 나 있는 기하학적인 콘크리트 블록에서부터 파사드에 사용할, 작고 화려한 무늬의 육각형 점토 타일에 이르기까지 전통적인 재료들을 미래의 방식으로 다룰 뿐만 아니라, 지역의 와인업계에서 나오는 폐기물까지 실험하고 있다는 사실이 정말 좋다. 그들이 만든 자재 중 일부는 추가 구조물을 필요로 하지 않는다. 흥미진진한 새로운 재료 조합에 더해, 3D 프린팅으로 집을 조립하는 미래도 상상해보게 됐다.

3D 프린팅이 조립식 시설에만 쓰이는 것은 아니다. 실제로 2016년 12월 마드리드에서 세계 최초로 3D 프린팅을 이용한 인도교(길이 12미터)가 개통했다. 힘이 정확히 어디에 실리는지 파악하기 위한 분석을 거친 뒤 재료를 그 부분에만 쌓았다. 즉 재료를 최소한만

썼고 폐기물은 줄었으며 최종 생산물은 가벼워졌다. 현장에서 벽돌을 쌓고 콘크리트를 붓는 로봇도 설계되고 있다. 제조업은 수십 년 전에 이런 트렌드를 받아들였고, 이젠 건설업계가 이를 따라잡을 차례다.

자연에서 모양과 재료를 찾는 것을 '생체모방'이라고 하는데, 벌집이나 대나무 또는 흰개미들의 '모양'뿐만 아니라 이들의 '기능'도 흉내 내는 것이다. 이 기법의 유명한 예로 벨크로를 탄생시킨 우엉 씨앗이 있다. 벨크로는 우엉 씨앗의 갈고리를 모방했다. 자연은 최소한의 물질로 단순하게 만들어지며, 우리는 이런 원리를 건물에 반영할 수 있다. 예를 들어 새의 두개골에는 두 겹의 뼈가 있고, 그 사이에는 큰 공기주머니로 분리된 트러스 같은 복잡한 연결망이 있다. 뼈 조직은 고압 환경에 있는 세포 주위에 자연스럽게 형성되고 다른 곳은 빈 공간이 된다. 영국 런던의 건축가 안드레스 해리스(Andres Harris)는 새의 두개골과 유사한 구조를 주조하는 쿠션망(web of cushion)으로 곡면 캐노피를 개념화했다. 마찬가지로 독일 슈투트가르트에 있는 란데스가르텐샤우(Landesgartenschau) 전시관은 성게로부터 영감을 얻었다. 성게는 서로 연결된 판, 즉 '소골편'(스펀지와 비슷하고 가볍다)으로 구성된 골격을 갖고 있다. 50밀리미터 두께의 합판으로 만들어진 이 전시 센터는 소프트웨어를 통한 면밀한 분석 끝에 로봇이 제작하고 사람이 조립했다. 달걀을 이 전시 센터와 같은 크기로 확장한다면 합판이 달걀 껍데기보다 더 얇을 것이다.

또한 자연은 스스로 치유한다. 인간의 몸은 무언가 잘못되면 알

꿈

아차리고(보통 고통을 느끼게 된다) 일련의 단계를 통해 문제를 해결한다. 구조물의 경우 지금까지는 사람이 개입해서 수리(또는 수술)를 해야 했다. 그러나 리즈 대학교의 필 퍼넬(Phil Purnell) 교수팀은 마치 백혈구처럼 도로 속의 파이프를 타고 이동해 도로가 부식되거나 무너지기 전에 결함을 진단하고 수리하는 로봇을 설계하고 있다. 공작연구소(Institute of Making)의 마크 미오도닉(Mark Miodownik) 연구팀은 드론으로 운반해서 포트홀 같은 도로 결함을 수리하는 3D 프린팅 기술을 개발하고 있다. 이걸 이용하면 도로를 폐쇄하지 않고도 수리할 수 있으므로 비용을 절약하고 교통 체증을 덜 수 있다. 아마 앞으로는 도로를 공사하는 모습을 볼 수 없을 것이다. 그리고 케임브리지 스마트 인프라 및 건설 센터의 한 연구팀은 새로운 구조물에 신경 시스템을 도입하는 것을 검토 중이다. 수십 킬로미터 길이에 센싱 요소가 연속적으로 달린 단일 광섬유 케이블은 말뚝, 터널, 벽, 경사로, 다리의 내부에서 변형률과 온도를 측정할 것이다. 엔지니어는 이전에는 구할 수 없었던 데이터를 수집해 이들 설계로부터 배울 뿐만 아니라 당면한 문제도 알아차릴 수 있을 것이다.

미래에는 이런 생물학적 형태들이 아주 가느다란 건축물과 지금껏 보존된 역사적 구조물에 뒤섞일 것이다. 맨해튼에 있는 432 파크 애비뉴 같은 타워들은 이미 가느다란 비율(높이가 폭의 14배다)을 자랑한다. 안정성과 흔들림에 도전하는 이 초박형 마천루들엔 보통 댐퍼가 있다. 혼잡한 도시에서 공간을 차지하려는 경쟁이 심화됨에 따라 사무실, 아파트, 상점, 공공장소를 결합한 구조물이 점점 늘어

날 것이다. 수많은 역사적 구조물들은 시간이 흐름에 따라 성능이
떨어지기 시작했다. 흔히 수도와 배수 시설이 불충분하고, 부실한
단열로 열 손실이 많으며, 보와 바닥이 처지는 게 보인다. 런던을
돌아보면 화려하게 장식된 오래된 파사드가 건물은 헐린 채로 마
치 아무런 지지대 없이 하늘로 치솟아 있는 것처럼 보인다. 하지만
이런 파사드는 새로운 건물이 들어설 때까지 보와 기둥들을 통해
은밀히 지지되고 있다. 레이저 같은 기술을 이용해 상세한 3D 지도
를 제작하면 엔지니어들이 기존 것을 쉽게 이해하고 이를 새로운
것과 결합할 수 있을 것이다.

그리고 내 생애를 훨씬 뛰어넘는 미래를 생각해본다면 내 후손
들이 물속에서 깨지지 않는, 종이 두께의 유리로 만들어진 유선형
공간에 사는 것을 상상하게 된다. 미래에는 '슈퍼 재료'인 그래핀으
로 다리를 만들 것이므로 오늘날보다 10배나 먼 거리도 건널 수 있
을 것이다. 아마도 필요에 맞게 모양을 만들고 바꿀 수 있는 생물학
적 재료를 이용해 집도 '성장'시킬 수 있을 것이다.

하지만 지금 나는 오래된 빅토리아풍 직사각형 벽돌 바닥이 팔
벌려 환영하는 집에 들어선다. 나는 불을 끄고 (뉴욕에서 가져온 다소
꾀죄죄한 고양이 봉제인형을 여전히 안고) 졸면서 미래의 비트루비우스
와 에밀리 로블링이 무엇을 만들어낼지 궁금해한다. 상상력만이 가
능성을 제한한다. 우리가 무엇을 꿈꾸든 엔지니어는 실현할 수 있
기 때문이다.

꿈

참고문헌

Addis, Bill. *Building: 3000 Years of Design Engineering and Construction.* University of Michigan: Phaidon, 2007.

Agrawal, Roma. 'Pai Lin Li Travel Award 2008 – Stress Ribbon Bridges.' *The Structural Engineer,* Volume 87, 2009.

Agrawal, R., Parker, J. and Slade, R. 'The Shard at London Bridge.' *The Structural Engineer,* Volume 92, Issue 7, 2014.

Ahmed, Arshad and Sturges, John. *Materials Science in Construction: An Introduction.* Routledge, 2014.

Allwood, Julian M. and Cullen, Jonathan M. *Sustainable Materials – Without the Hot Air. Making Buildings, Vehicles and Products Efficiently and with Less New Material.* UIT Cambridge, 2015.

Balasubramaniam, R. 'On the corrosion resistance of the Delhi iron pillar.' *Corrosion Science,* Volume 42, Issue 12, 2000.

Bagust, Harold. *The Greater Genius? A Biography of Marc Isambard Brunel.* The University of Michigan: Ian Allan, 2006.

Ballinger, George. 'The Falkirk Wheel: from concept to reality.' *The Structural Engineer,* Volume 81, Issue 4, 2003.

Barton, Nicholas and Stephen Myers. *The Lost Rivers of London: Their effects upon London and Londoners, and those of London and Londoners upon them.* Historical Publications, Limited, 2016.

British Constructional Steelworks Association. *A Century of Steel Construction 1906 – 2006.* British Constructional Steelworks Association, 2006.

빌트

Blockley, David. *Bridges: The Science and Art of the World's Most Inspiring Structures.* Oxford: Oxford University Press, 2010.

Brady, Sean. 'The Quebec Bridge collapse: a preventable failure.' *The Structural Engineer,* 92 (12), 2014 (2 parts).

Brown, David J. *Bridges: Three Thousand Years of Defying Nature.* London: Mitchell Beazley, 1993.

Bryan, Tim. *Brunel: The Great Engineer.* Ian Allan, 1999.

Clayton, Antony. *Subterranean City: Beneath the Streets of London.* London: Historical Publications, 2010.

Cross-Rudkin, P. S. M., Chrimes, M. M. and Bailey, M. R. *Biographical Dictionary of Civil Engineers in Great Britain and Ireland,* Volume 2: 1830-1890.

Crow, James Mitchell. 'The concrete conundrum.' *Chemistry World,* 2008.

Davidson, D. 'The Structural Aspects of the Great Pyramid.' *The Structural Engineer,* Volume 7, Issue 7, 1929. (Paper read before the Yorkshire Branch at Leeds on 7 February 1929.)

Dillon, Patrick (writer) and Biesty, Stephen (illustrator). *The Story of Buildings: From the Pyramids to the Sydney Opera House and Beyond.* Candlewick Press, 2014.

European Council of Civil Engineers. *Footbridges-Small is beautiful.* European Council of Civil Engineers, 2014.

Fabre, Guilhem, Fiches, Jean-Luc, Leveau, Philippe, and Paillet, Jean-Louis. *The Pont Du Gard: Water and the Roman Town.* Presses du CNRS, 1992.

Fahlbusch, H. 'Early dams.' *Proceedings of the Institution of Civil Engineers-Engineering History and Heritage,* Volume 162, Issue 1, 1 Feb 2009 (19 - 28).

'The Falkirk Wheel: a rotating boatlift.' *The Structural Engineer,* 2 January 2002.

Fitchen, John. *Building Construction Before Mechanization.* MIT Press,

1989.

Giovanni, Pier and d'Ambrosio, Antonio. *Pompeii: Guide to the Site.* Electa Napoli, 2002.

Gordon, J. E. *Structures: or why things don't fall down.* Da Capo Press, 2009.

Gordon, J. E. *The New Science of Strong Materials: or why you don't fall through the floor.* United States of America: Penguin Books, 1991.

Graf, Bernhard. *Bridges That Changed the World.* Prestel, 2005.

Hanley, Susan B. 'Urban Sanitation in Preindustrial Japan.' *The Journal of Interdisciplinary History,* Volume 18, No. 1, 1987.

Hibbert, Christopher, Keay, John, Keay, Julia and Weinreb, Ben. *The London Encyclopaedia.* Pan Macmillan, 2011.

Holland, Tom. *Rubicon: The Triumph and Tragedy of the Roman Republic.* Hachette UK, 2011.

Home, Gordon. *Old London Bridge.* Indiana University: John Lane, 1931.

Khan, Yasmin Sabina. *Engineering Architecture: The Vision of Fazlur R. Khan.* W.W. Norton, 2004.

Lampe, David. *The Tunnel.* Harrap, 1963.

Landels, J. G. *Engineering in the Ancient World.* Berkeley and Los Angeles: University of California Press, 1978.

Landau, Sarah Bradford and Condit, Carl W. *Rise of the New York Skyscraper 1865–1913.* New Haven and London: Yale University Press, 1999.

Lepik, Andres. *Skyscrapers.* Prestel, 2008.

Levy, Matthys and Salvadori, Mario. *Why Buildings Fall Down: How Structures Fail.* United States of America: W. W. Norton, 2002.

Mathewson, Andrew, Laval, Derek, Elton, Julia, Kentley, Eric and Hulse, Robert. *The Brunels' Tunnel.* ICE Publishing, 2006.

Mays, Larry, Antoniou, George P. and Angelakis, N. 'History of Water Cisterns: Legacies and Lessons.' *Water.* 5. 1916-1940. 10.3390/w5041916.

McCullough, David. *The Great Bridge: The Epic Story of the Building of the*

빌트

Brooklyn Bridge. Simon & Schuster, 1983.

Mehrotra, Anjali and Glisic, Branko. *Deconstructing the Dome: A Structural Analysis of the Taj Mahal.* Journal of the International Association for Shell and Spatial Structures, 2015.

Miodownik, Mark. *Stuff Matters: Exploring the Marvellous Materials That Shape Our Man-Made World.* Penguin UK, 2013.

Oxman, Rivka and Oxman, Robert (guest-edited by). *The New Structuralism. Design, engineering and architectural technologies.* Wiley, 2010.

Pannell, J. P. M. *An Illustrated History of Civil Engineering.* Univerity of California: Thames and Hudson, 1964.

Pawlyn, Michael. *Biomimicry in Architecture.* RIBA Publishing, 2016.

Pearson, Cynthia and Delatte, Norbert. *Collapse of the Quebec Bridge, 1907.* Cleveland State University, 2006.

Petrash, Antonia. *More than Petticoats: Remarkable New York Women.* Globe Pequot Press, 2001.

Poulos, Harry G. and Bunce, Grahame. *Foundation Design for the Burj Dubai – The World's Tallest Building.* Case Histories in Geotechnical Engineering, Arlington, VA, August 2008.

Randall, Frank A. *History of the Development of Building Construction in Chicago Safety in tall buildings.* Institution of Structural Engineers working group publication, 2002.

Salvadori, Mario. *Why Buildings Stand Up.* United States of America: W. W. Norton and Company, 2002.

Santoyo-Villa, Enrique and Ovando-Shelley, Efrain. *Mexico City's Cathedral and Sagrario Church, Geometrical Correction and Soil Hardening 1989-2002-Six Years After.*

Saunders, Andrew. *Fortress Britain: Artillery Fortification in the British Isles and Ireland.* Beaufort, 1989.

Scarre, Chris (editor). *The Seventy Wonders of the Ancient World: The Great*

Monuments and How They Were Built. Thames & Hudson, 1999.

Shirley-Smith, H. *The World's Greatest Bridges.* Institution of Civil Engineers Proceedings, Volume 39, 1968.

Smith, Denis. 'Sir Joseph William Bazalgette(1819-1891); Engineer to the Metropolitan Board of Works.' *Transactions of the Newcomen Society,* Vol. 58, Iss. 1, 1986.

Smith, Denis (editor). 'Water-Supply and Public Health Engineering', *Studies in the History of Civil Engineering,* Volume 5.

Sprague de Camp, L. *The Ancient Engineers.* Dorset, 1990.

Soil Survey, Tompkins County, New York, Series 1961 No. 25. United States Department of Agriculture, 1965.

Trout, Edwin A. R.. 'Historical background: Notes on the Development of Cement and Concrete', September 2013.

Tudsbery, J. H. T. (editor). *Minutes of Proceedings of the Institution of Civil Engineers.*

Vitruvius. *The Ten Books on Architecture* (translated by Morgan, Morris Hicky). Harvard University Press, 1914.

Walsh, Ian D. (editor). *ICE Manual of Highway Design and Management.* ICE Publ., 2011.

Weigold, Marilyn E. *Silent Builder: Emily Warren Roebling and the Brooklyn Bridge.* Associated Faculty Press, 1984.

Wells, Matthew. *Engineers: A History of Engineering and Structural Design.* Routledge, 2010.

Wells, Matthew. *Skyscrapers: Structure and Design.* Laurence King Publishing, 2005.

West, Mark. *The Fabric Formwork Book: Methods for Building New Architectural and Structural Forms in Concrete.* Routledge, 2016.

Wood, Alan Muir. *Civil Engineering in Context.* Thomas Telford, 2004.

Wymer, Norman. *Great Inventors (Lives of great men and women, series III).* Oxford University Press, 1964.

https://www.tideway.london

http://puretecwater.com/reverse-osmosis/what-is-reverse-osmosis

http://www.twdb.texas.gov/publications/reports/numbered_reports/doc/
　　r363/c6.pdf

http://mappinglondon.co.uk/2014/londons-other-underground-network/

http://www.pub.gov.sg/about/historyfuture/Pages/HistoryHome.aspx

http://www.clc.gov.sg/Publications/urbansolutions.htm

http://www.thameswater.co.uk/

http://www.bssa.org.uk/about_stainless_steel.php?id=31

https://www.newscientist.com/article/dn19386-for-self-healing-concrete-
　　just-add-bacteria-and-food/

http://www.thecanadianencyclopedia.ca/en/article/quebec-bridge-disaster-
　　feature/

http://www.documents.dgs.ca.gov/dgs/pio/facts/LAworkshop/climate.pdf

http://www.cement.org/

http://www.unmuseum.org/pharos.htm

http://www.otisworldwide.com/pdf/AboutElevators.pdf

http://www.waterhistory.org/histories/qanats/qanats.pdf

http://users.bart.nl/~leenders/txt/qanats.html

http://water.usgs.gov/edu/earthwherewater.html

http://www.worldstandards.eu/cars/driving-on-the-left/

http://journals.plos.org/plosone/article?id=10.1371/journal.pone.0026847

https://www.youtube.com/watch?v=gSwvH6YhqIM

http://www.livescience.com/8686-itsy-bitsy-spider-web-10-times-
　　stronger-kevlar.html

http://linkis.com/www.catf.us/resource/flbGp

http://www.bbc.co.uk/news/magazine-33962178

http://www.romanroads.org/

http://www.jdrillplus.co.uk/CSS ROADMATERIALSCONTAINI NGTAR
　　171208.pdf

참고문헌

http://www.groundwateruk.org/Rising_Groundwater_in_Central_London.aspx

http://indiatoday.intoday.in/story/1993-bombay-serial-blasts-terror-attack-rocks-india-financial-capital-over-300-dead/1/301901.html

http://www.nytimes.com/1993/03/13/world/200-killed-as-bombings-sweep-bombay.html?pagewanted=all

http://www.bbc.co.uk/earth/story/20150913-nine-incredible-buildings-inspired-by-nature

http://www.thinkdefence.co.uk/2011/12/uk-military-bridging-floating-equipment/

http://www.meadinfo.org/2015/08/s355-steel-properties.html?m=1

http://www.fabwiki.fabric-formedconcrete.com/

http://www-smartinfrastructure.eng.cam.ac.uk/what-we-do-and-why/focus-areas/sensors-data-collection/projects-and-deployments-case-studies/fibre-optic-strain-sensors

http://www.instituteofmaking.org.uk/research/self-healing-cities

P.20 courtesy of Martin Avery; P.21 courtesy of John Parker and Roma Agrawal; P.24 courtesy of Major Matthews Collection; P.31 © kokkai; P.41 © Dennis K. Johnson; P.47 © Prisma by Dukas Presseagentur GmbH /Alamy Stock Photo; P.48 © Fernand Ivaldi; P.52 © Craig Ferguson; P.53 © robertharding /Alamy Stock Photo; P.67 © Evening Standard /Stringer; P.87 © mmac72; P.88 © Darren Robb; P.96 © Anders Blomqvist; P.103 © duncan1890; P.108 © Henry Ausloos; P.112 courtesy of Roma Agrawal; P.118 © DNY59; P.140 © Allan Baxter; P.152 courtesy of Roma Agrawal; P.163 courtesy of wikipedia; P.166 © Alvin Ing, Light and Motion; P.169 © Garden Photo World /Suzette Barnett; P.184 © Paola Cravino Photography; P.201 © De Agostini /L. Romano; P.209 courtesy of wikipedia; P.227 © exaklaus-photos; P.248 © Heritage Images; P.253 © Heritage Images; P.264 © Everett Collection Historical /Alamy Stock Photo; P.270 © Fotosearch /Stinger; P.278 © Stock Montage; P.280 © Washington Imaging /Alamy Stock Photo; P.287 © Popperfoto; P.293 © North Wind Picture Archives /Alamy Stock Photo; P.296 © Empato

빌트, 우리가 지어 올린 모든 것들의 과학

초판 1쇄 발행 2019년 8월 23일
초판 9쇄 발행 2024년 11월 15일

지은이 로마 아그라왈
옮긴이 윤신영, 우아영
발행인 김형보
편집 최윤경, 강태영, 임재희, 홍민기, 강민영, 송현주, 박지연
마케팅 이연실, 이다영, 송신아 **디자인** 송은비 **경영지원** 최윤영, 유현

발행처 어크로스출판그룹(주)
출판신고 2018년 12월 20일 제 2018-000339호
주소 서울시 마포구 동교로 109-6
전화 070-8724-0876(편집) 070-8724-5877(영업) **팩스** 02-6085-7676
이메일 across@acrossbook.com **홈페이지** www.acrossbook.com

한국어판 출판권 ⓒ 어크로스출판그룹(주) 2019

ISBN 979-11-90030-15-1 03400

만든 사람들
편집 강태영 **교정** 윤정숙 **표지디자인** 김아가다 **조판** 성인기획